LA CÉRUSE

PAR

Anth. THIBAUT

Professeur à La Martinière
École des Sciences et Arts Industriels de Lyon.

Préface de H. CAUSSE

Professeur à la Faculté de Médecine de Lyon.

LYON

A. STORCK & Cᵒ, IMPRIMEURS-ÉDITEURS

8, Rue de la Méditerranée.

—

1907

LA CÉRUSE

LA CÉRUSE

PAR

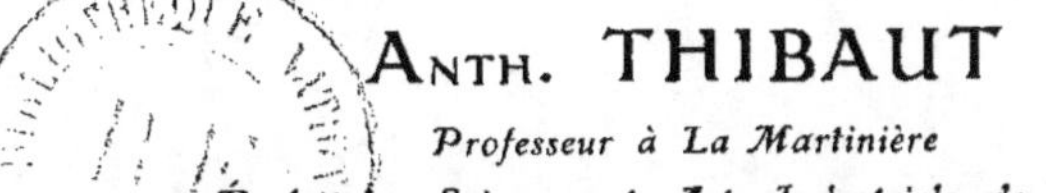

Anth. THIBAUT

Professeur à La Martinière
École des Sciences et Arts Industriels de Lyon.

Préface de H. CAUSSE
Professeur à la Faculté de Médecine de Lyon.

LYON

A. STORCK & C°, IMPRIMEURS-ÉDITEURS
8, Rue de la Méditerranée.
—
1907

PRÉFACE

S'il est une question d'hygiène sociale d'actualité, c'est bien celle
de la céruse.

Le procès du blanc de plomb, après avoir fait couler beaucoup
d'encre, vient d'être porté une fois de plus devant le Parlement
français, où s'est trouvé un accusateur convaincu, dans la personne
de M. J. Breton, député de Bourges. Un grand nombre de notabi-
lités médicales ont appuyé les rapports du député ; des communi-
cations à l'Académie de Médecine, des interviews ont complété nos
connaissances sur les accidents inhérents à son emploi.

Des protestations se sont élevées ; elles semblent fondées. Au Sénat,
M. Treille puis M. Gourju ont défendu la céruse ou plutôt se sont
élevés contre sa prohibition en préconisant une simple réglementation ; la loi de prohibition telle qu'elle fut votée par la Chambre
des Députés a reçu quelques atténuations, de sorte que la question
qui pouvait être considérée comme close, s'ouvrira de nouveau, le
projet de loi devant être retourné à son lieu d'origine. Nous
entendrons ou mieux nous lirons encore une fois l'exposé des
opinions contradictoires, et nous avons le droit d'espérer qu'à la
suite de toutes ces épreuves, la nouvelle législation se présentera,
non à l'état parfait, mais au moins, donnant à la fois satisfaction
aux hygiénistes et aux professionnels qui persistent à penser que le
blanc de zinc ne saurait remplacer la céruse, dans tous les travaux
de peinture.

C'est à mettre la question au point, à établir les positions relatives des deux antagonistes, le blanc de plomb et le blanc de zinc que s'est tout d'abord avec une grande compétence attaché M. A. Thibaut. Après un exposé de la fabrication et des propriétés de la céruse et de ses succédanés, il en fait le parallèle au point de vue de leurs usages dans la peinture. Il étudie en détail les avantages et inconvénients de chacun des colorants en présence. Il a le soin de s'entourer d'attestations particulièrement précieuses pour le sujet qu'il traite, celles des professionnels eux-mêmes. Si les partisans du blanc de zinc ont gain de cause sur le terrain hygiénique, il est prouvé par contre qu'au point de vue de la durée, de la solidité, de la protection des objets recouverts, le blanc de zinc est dans une infériorité manifeste, que ne rachète pas l'addition de quelques adjuvants destinés à donner à la couleur du corps, du liant, selon l'expression des peintres.

L'auteur cite enfin les précautions hygiéniques indispensables et généralement négligées par l'ouvrier peintre, pour se mettre à l'abri des poussières plombifères. L'ouvrier français, il faut le reconnaître, est très indifférent à ces recommandations, il est trop souvent frondeur et enclin, par tempérament, à considérer les conseils qui lui sont prodigués, comme des ordres ou des futilités.

L'éducation de l'ouvrier devrait être faite à ce point de vue spécial ; mais ici encore on se heurtera à l'indifférence ou au scepticisme. Ouvrez un cours sur l'hygiène de l'ouvrier peintre, et comptez le nombre des auditeurs ; seront bien rares ceux qui se dérangeront pour entendre ce qu'ils considèrent en eux-mêmes comme du superflu ; en cela, l'ouvrier français diffère de l'ouvrier étranger, que la connaissance de son métier intéresse au plus haut point et le pousse à s'instruire sur tout ce qui le concerne.

C'est peut-être là une des causes de la mesure draconienne dont on menace de frapper la céruse. Mais elle est à elle seule insuffisante.

Ce qui frappe au premier abord, étonne même, fait naître des soupçons assurément injustifiés, c'est le caractère exclusif de la loi ; pourquoi frapper exclusivement la céruse ? Est-ce donc le seul composé plombique auquel est attribuable le saturnisme, n'y a-t-il qu'une seule classe d'ouvriers, les peintres, qui fournissent des saturnins, telle est la question qui se pose ; elle enlève par son particularisme l'intérêt qui s'attache aux accidents inhérents à l'usage ou à l'emploi du plomb et de ses composés.

La seule réponse que l'on puisse faire est que l'on a seulement pu trouver un succédané inoffensif pour la céruse ; par conséquent seuls les ouvriers peintres seront protégés. Certainement c'est beaucoup, c'est énorme même, en attendant mieux ; mais la mesure est manifestement incomplète ; d'autant que la céruse n'est plus travaillée à sec, elle n'est plus livrée telle quelle aux ouvriers, mais bien sous forme de pâte ; par là, les méfaits attribuables aux poussières disparaissent.

Nous savons parfaitement que cet inconvénient réapparaît lors du grattage ou de l'enlèvement des couleurs sur les boiseries ; ne peut-on adopter des procédés plus hygiéniques, et en particulier supprimer cette pratique qui consiste à brûler la surface pour mieux détacher la peinture ; il est incontestable qu'étant donnée la nature même de la couleur, la facile réductibilité des oxydes de plomb, la volatilité du métal, l'ouvrier est exposé aux vapeurs plombiques, autrement dangereuses que les poussières.

Cette observation est d'autant mieux justifiée que le gros contingent des saturnins est fourni moins par les peintres que par les ouvriers plombiers, occupés à manier la soudure, à l'appliquer sur des tuyaux, après avoir au préalable chauffé avec leur lampe les parties à joindre.

Et cependant on ne s'occupe pas d'eux ; on semble, comme le dit si bien l'auteur, « hypnotisé devant la céruse » comme si la suppression de ce composé allait entraîner, de ce chef, celle de tous les saturnins.

Et que dire alors de l'oubli dans lequel on laisse le public, à l'endroit d'autres questions d'ordre cependant tout aussi grave ? Le législateur ignore-t-il que les ustensiles de cuisine subissent l'opération dite de l'étamage ? Qui s'assure que l'étain dont s'est servi l'étameur est au titre légal, c'est-à-dire ne contient pas plus de 1/2 p. 100 de plomb ? Le plomb et l'étain forment un alliage qui résiste aux acides et aux composés ammoniacaux qui sont la base de nos aliments, mais cet alliage ne retient qu'une proportion définie de plomb, au-delà de laquelle celui-ci est dissous et ultérieurement absorbé.

Dans les villes de grande et moyenne importance, l'eau est distribuée par une canalisation en plomb. Si l'eau est calcaire, c'est le cas général, excepté toutefois pour celles qui proviennent directement des roches granitiques, comme celles de la Loire, l'intérieur des tuyaux se recouvre d'un enduit formé de carbonate et de sulfate plombique, qui protège l'eau contre le contact du métal ; à la longue, des croûtes se détachent, surtout si le robinet n'est pas à vis, par suite de l'arrêt brusque de la colonne d'eau et des coups de bélier qui s'en suivent ; peut-on considérer ces parcelles comme inoffensives ? assurément non, puisque le sulfate plombique, insoluble dans l'eau, est soluble dans les liquides complexes de l'organisme.

Le potier, après avoir confectionné son vase en terre, le saupoudre intus et extra de galène ou sulfure de plomb et le porte au four. Entre les composants de l'objet en terre et le plomb surviennent des doubles décompositions d'où il résulte du silicate de plomb insoluble ; mais l'innocuité du vase en terre vernissé dépend de l'intégrité des réactions, comment s'en assurer ?

Les boîtes de conserves sont soudées avec un alliage plombifère et beaucoup de substances importées de l'étranger sont enveloppées dans des feuilles d'étain contenant 50 p. 100 de plomb...

Le vote de la loi en projet ne supprimera donc pas les accidents. Tout ce que l'on peut dire, c'est qu'il les diminuera, ce qui est beaucoup. Encore convient-il de rappeler que si l'ouvrier peintre voulait s'astreindre à quelques mesures de propreté, bien des accidents disparaîtraient.

La loi n'aura de ce fait qu'un effet limité, et la saturnisme persistera.

Tout cela, M. Thibaut le relève avec clarté et méthode, avec des documents et citations à l'appui. Le travail auquel il s'est livré revêt ainsi le caractère d'une enquête sérieuse, impartiale ; ce n'est qu'après l'exposé des faits, la discussion des effets produits par la loi sur l'emploi de la céruse, que l'auteur présente une conclusion personnelle qui nous semble logique et en tout cas très libérale.

Si les côtés hygiénique et économique du plomb et de ses composés sont exposés en détails, la partie scientifique n'a pas été négligée ; l'auteur a eu soin de s'abstenir des formules fort peu compréhensibles pour l'ensemble des lecteurs ; aux termes techniques il a substitué très heureusement des expressions moins barbares.

Nous ne pouvons que le féliciter d'avoir abordé et mené à bien cette tâche. Mettre de l'ordre dans l'exposé d'un sujet où les opinions diamétralement opposées ont trouvé place, faire la part des exagérations et de la réalité, permettre avec documents à l'appui, de se faire une idée des inconvénients et avantages des différents produits qu'il décrit, exige des connaissances générales qui font le plus grand honneur à l'auteur.

Dr H. CAUSSE.

SOMMAIRE

Avant-propos.

Constitution chimique de la céruse.

Sa préparation. — Voie sèche : procédé hollandais et procédés des chambres. — Voie humide et procédés électrolytiques.

Propriétés de la céruse.

Son emploi dans la peinture. — Théorie de la solidification et du durcissement de la peinture à la céruse.

Avantages et inconvénients.

Action des émanations sulfhydriques.

Toxicité de la céruse et des composés de plomb.

Les accidents dus au saturnisme.

Les opérations dangereuses dans la peinture. — Précautions à prendre.

Minium et jaune de chrome. — Intoxications saturnines dues à des composé de plomb autres que la céruse.

Les succédanés de la céruse.

Le sulfate de baryte. — Le lithopone. — Le blanc de zinc. — Le sulfure et l'hyposulfite de zinc.

Comparaison entre les propriétés du blanc de zinc et de la céruse.

Pouvoir couvrant. — Résistance et solidité. — Innocuité. — Prix de revient, etc.

Affirmations et travaux scientifiques.

Législation et réglementations. — Projet de loi. — Enquêtes. — Conclusion.

LA CÉRUSE

Cette étude sur la céruse èst le résultat de recherches documentaires en même temps que le résumé d'enquêtes personnelles, recherches et enquêtes occasionnées par une conférence que j'ai faite sur ce sujet, le 26 mars dernier, devant l'Office Social de Lyon, sous la présidence de M. Paul Pic professeur à la Faculté de Droit.

Je dois avouer que j'ai eu tout d'abord, sur cette question, l'opinion qu'en ont la plupart de ceux qui acceptent sans examen des idées toutes faites et émises, souvent, à grand renfort de réclame et de tapage.

A en croire certains avis qu'il est toujours préférable d'admettre complètement désintéressés, la céruse se présenterait à l'heure actuelle comme un fléau décimant le monde du travail et comparable à l'alcoolisme et à la tuberculose, à tel point que son emploi nécessiterait présentement des mesures prohibitives d'une sévérité exceptionnelle.

J'eus cette opinion lorsque j'entrepris cette étude. Aussi ce fut avec enthousiasme que j'acceptai de faire la conférence qui m'était demandée, heureux de l'occasion qui m'était offerte de collaborer pour une part, tant modeste fût-elle, à cette croisade humanitaire contre la céruse qui s'annonçait de tous côtés.

Cependant, à mesure que je poursuivais cette étude, mon enthousiasme tombait peu à peu. De simple qu'elle me paraissait tout d'abord, la question de la céruse se présenta à moi hérissée de difficultés.

Mon parti pris initial s'effaça devant la réalité des faits. La question de la céruse m'apparut alors comme une question qui doit être traitée, non avec passion, mais bien avec la plus grande impartialité et avec le plus sérieux esprit scientifique.

C'est dans cet esprit qu'a été faite l'étude présente. Cette étude n'est ni une plaidoirie ni un réquisitoire : c'est un exposé de faits vérifiables et observables.

Je n'ai eu en vue, en m'y livrant, la défense d'aucun d'aucun intérêt particulier, quelque considérable ou respectable qu'il fût. Ma seule préoccupation a été le souci de la vérité.

J'espère que cet exposé qui m'a coûté quelque peine, pourra servir à éclairer ceux qui aiment à se rendre compte des faits en dehors de tout esprit de polémique et de surenchère. C'est du moins là l'idée directrice qui m'a servi de guide dans ce travail.

LA CÉRUSE

Sa Constitution chimique. — Sa préparation. — Progrès récents réalisés dans sa fabrication au point de vue hygiénique.

La céruse est connue dès la plus haute antiquité.

Elle est considérée au point de vue chimique comme un hydro-carbonate de plomb, c'est-à-dire comme une combinaison ou même comme un mélange en proportions variables d'hydrate de plomb et de carbonate de plomb. On lui donne habituellement la formule

$$2 CO^3Pb, Pb (OH)^2$$

qui représente sa composition moyenne.

Cette constitution particulière de la céruse a, comme on le verra, une grande importance dans son emploi en peinture.

La composition chimique d'une céruse, c'est-à-dire la proportion relative d'hydrate et de carbonate de plomb qu'elle contient, varie d'ailleurs légèrement selon le procédé employé pour la préparer.

Nombreux sont ces procédés que je n'ai pas l'intention de décrire ici en détail.

La méthode employée surtout en France et même à l'étranger consiste dans le procédé classique connue sous le nom de procédé *Hollandais*.

Des lames de plomb sont placées dans des pots contenant de l'acide acétique. Ces pots sont disposés dans des fosses, alternant avec des couches de fumier ou de tan épuisé.

La chaleur dégagée par la fermentation des matières organiques volatilise l'acide acétique. L'oxydation des lames de plomb se trouve ainsi facilitée et il se forme sur la surface du plomb une couche de plus en plus profonde d'acétate basique de plomb, lequel se transforme peu à peu sous l'influence du gaz carbonique dégagé par la même fermentation en hydrocarbonate de plomb.

Cette préparation nécessite un certain nombre d'opérations. Quelques-unes ne sont pas ou plutôt n'étaient pas sans danger.

C'est d'abord la fusion et le moulage en « spirales » ou en « grilles » du plomb destiné à la fabrication. On utilise souvent pour cela des plombs usagés. Dans cette opération, les vapeurs plombiques qui se dégagent ainsi à haute température sont éminemment toxiques : on y a remédié par des hottes de ventilation.

Après la mise en pots, et les réactions chimiques terminées, c'est ensuite l'*enlevage* de la céruse et sa séparation du plomb non attaqué qui constituaient autrefois des opérations des plus insalubres. Elles se faisaient alors à la main. L'ouvrier détachait ces croûtes de céruse plus ou moins adhérentes à la lame de plomb (*épluchage*); puis il battait ensuite plusieurs de ces lames ensemble en les tordant en tous sens (*décapage*) pour que la séparation fut complète. Ce travail provoquait des poussières plombeuses des plus dangereuses.

Actuellement, ce travail d'épluchage et de décapage est fait mécaniquement dans des appareils clos et l'ouvrier se trouve à l'abri de tout danger d'intoxication.

La céruse ainsi obtenue est enfin broyée mécaniquement en présence de l'eau, puis mise en pains, s'il y a lieu.

Aujourd'hui, on ne livre plus, ou à peu près plus, la céruse en pains. On ne la trouve plus dans le commerce qu'en poudre ou le plus souvent en pâte obtenue en broyant la céruse en poudre avec un mélange d'huile de lin et d'huile de pavot ou d'œillette. C'est ordinairement sous cette dernière forme qu'elle est employée par les peintres.

Disons maintenant très brièvement quelques mots sur les autres procédés de fabrication de la céruse qui sont de beaucoup les moins importants.

Dans les uns, on retrouve le principe de la méthode hollandaise, à savoir : oxydation du plomb à des températures plus ou moins élevées dans des chambres ou dans des fosses. Sous l'influence d'émanations acides, puis carbonatation par le gaz carbonique : procédés Woolrich, Grüneberg, de Rostaing, Braunner, procédé Creed ou procédé allemand ; céruse de Krems, etc.

Dans les autres, on obtient la céruse en partant de la litharge ou d'un autre composé de plomb, en opérant par voie humide. Le type de ces procédés est le procédé Thénard : il consiste à dissoudre la litharge dans l'acide acétique et à décomposer l'acétate basique de plomb obtenu par un courant de gaz carbonique. Les procédés Carter, Matthews, etc., sont des procédés par voie humide.

On a essayé enfin, par plusieurs procédés, de préparer la céruse par voie électrolytique, aux États-Unis notamment. Le procédé Brown consiste à faire passer un courant électrique dans une solution de nitrate de soude, en utilisant comme anodes des lames de plomb : on a ainsi de la soude au pôle négatif et de l'acide azotique au pôle positif ; le plomb est dissous ; l'azotate de plomb est décomposé par la soude en hydrate de plomb qui est ensuite transformé en céruse par double décomposition avec le bicarbonate de soude tandis que le nitrate de soude se trouve régénéré.

Les procédés par voie humide, ainsi que les procédés électrolytiques, ne paraissent pas avoir donné jusqu'à présent des résultats aussi satisfaisants que les procédés par voie sèche qui sont encore universellement employés.

Les propriétés de la céruse. — Pouvoir oxydant et siccatif. — Rôle chimique de la céruse dans la peinture. — Avantages de son emploi.

La céruse obtenue par l'un quelconque de ces procédés, mais particulièrement par le procédé hollandais, se présente comme un corps blanc pulvérulent, dense et opaque, deux qualités qui lui communiquent son « pouvoir couvrant », c'est-à-dire sa propriété de masquer complètement les surfaces sur lesquelles on l'étend en mince couche.

Incorporée à l'huile de lin, et exposée sous une faible épaisseur au contact de l'air, la céruse forme une pâte qui durcit rapidement et se transforme en un véritable vernis. C'est là une propriété importante et qui est le point de départ de ses usages.

2

Cette propriété tient à différentes causes :

D'abord à la nature siccative de l'huile de lin. L'huile de lin exposée à l'air s'oxyde et se résinifie en englobant la céruse dans cette couche solidifiée, comme elle engloberait toute autre matière inerte pulvérulente.

Mais dans ce phénomène, la céruse intervient, elle aussi, à plusieurs points de vue. Ce qui le montre bien, c'est que la peinture faite au moyen d'autres substances que la céruse, — le blanc de zinc par exemple, — nécessite l'adjonction d'un troisième corps, un « siccatif », ce qui n'a pas lieu pour la céruse ; il arrive même parfois que ce troisième corps, ajouté à la peinture au blanc de zinc, n'est pas autre chose que la céruse elle-même.

Nous avons dit que la céruse est considérée comme un mélange de carbonate de plomb et d'oxyde de plomb hydraté.

Cet oxyde de plomb joue un grand rôle dans la solidification de la peinture et dans sa faculté de résistance aux agents extérieurs.

On sait que lorsqu'on traite un oxyde métallique, un alcali notamment : potasse, soude ; par un corps gras, celui-ci subit une transformation qu'on appelle la saponification : l'acide du corps gras se combine à la base et il se forme un savon de potasse ou de soude. La litharge ou protoxyde de plomb (PbO) donne avec les corps gras une réaction semblable : il se produit un savon de plomb insoluble. L'emplâtre simple des pharmaciens n'est pas autre chose qu'un savon de plomb préparé de cette façon.

Dans une peinture à la céruse, l'hydrate de plomb contenu normalement dans la céruse donne avec l'huile de lin, par suite d'une saponification lente, un véritable savon plombeux qui est dans ce cas le linoléate de plomb : ce corps solide, insoluble, a un aspect corné, translucide, il présente à la fois une grande dureté et une élasticité marquée. Il contribue par sa formation à transformer une peinture à la céruse en un véritable vernis qui, par sa dureté et son élasticité, résistera aux agents de destruction ; frottements, agents atmosphériques, variations de température, etc., mieux que ne le ferait toute autre peinture. C'est donc à la formation de ce composé que la peinture à la céruse doit sa grande solidité, notamment lorsqu'elle est employée à l'extérieur.

D'autre part, l'oxyde de plomb, principe constituant de la céruse, intervient encore dans le phénomène de la solidification de la peinture par suite de ses propriétés oxydantes : l'oxyde de plomb constitue par lui-même un siccatif, et il augmentera encore de ce fait la siccativité naturelle de l'huile de lin. Ce pouvoir oxydant se manifeste parfois par un dégagement de chaleur appréciable. C'est grâce à lui que la matière colorante de l'huile de lin se trouve brûlée en quelque sorte, ce qui fait que la peinture à la céruse peut conserver sa blancheur malgré la coloration de l'huile employée.

Quant au carbonate neutre de plomb, deuxième principe constituant de la céruse, il forme purement et simplement, mélangé à l'huile, une émulsion analogue à celle qu'on obtiendrait en délayant avec l'huile tout corps inerte, la craie par exemple.

Mais incorporé dans le savon plombeux dont nous parlions plus haut, c'est lui qui donnera à cet enduit corné et semi-transparent l'opacité nécessaire, c'est-à-dire le pouvoir couvrant de la peinture.

Telles sont, succinctement résumées, les théories qui ont été données par de nombreux auteurs pour expliquer les propriétés et les avantages de la céruse au point de vue de son emploi en peinture.

Parmi ces auteurs, citons en particulier MM. Wignat et Harland, en Angleterre, qui ont fait des travaux très importants sur la constitution et les propriétés de la céruse.

D'après ces auteurs, la meilleure céruse est celle qui renferme ses éléments constitutifs dans la proportion de 75 p. 100 de carbonate de plomb, pour 25 p. 100 d'oxyde de plomb, la quantité d'huile de lin à employer variant de 8 à 15 p. 100.

Les inconvénients de la céruse
Action des émanations sulfhydriques. Toxicité

A côté de ces avantages de la céruse, il nous faut cependant exposer maintenant ses inconvénients.

C'est d'abord l'action des émanations sulfhydriques.

Sous l'action de l'acide sulfhydrique, la céruse comme tous les sels de plomb noircit en se transformant en sulfure de plomb. C'est pourquoi les peintures à la céruse, si blanches tout d'abord, brunissent au bout d'un temps plus ou moins long, selon que l'air a été plus ou moins souillé par des exhalaisons d'hydrogène sulfuré. C'est pour cela que dans les salles de bains, dans les lieux d'aisance, dans les laboratoires de chimie, il est préférable de remplacer la céruse par des produits à base de zinc.

Il ne faudrait cependant pas exagérer cet inconvénient. J'ai pu moi-même observer dans des appartements habités d'une façon continue des peintures faites à la céruse qui, après une période de cinq années avaient conservé toute leur blancheur initiale.

Malgré cela, cet inconvénient reste certainement l'un des plus sérieux, pour ne pas dire le plus sérieux qu'on ait à opposer à la céruse. Lui seul devrait déjà suffire pour qu'on cherchât la possibilité de la remplacer par un succédané ne présentant pas ce défaut.

On sait par exemple quel aspect désagréable offrent les peintures qui datent d'une cinquantaine ou d'une centaine d'années, lorsqu'elles n'ont subi aucune réfection. La céruse employée, laquelle dans le cas présent s'appelle « blanc d'argent » et a été obtenue par précipitation, est mélangée sur la palette du peintre à la plupart des autres couleurs pour en adoucir et en varier les tons ; et de ce fait, la patine des années ou des siècles se traduira sur les œuvres des maîtres par une couche uniformément brunâtre de sulfure de plomb qui enlèvera au coloris toute sa délicatesse et toute sa vivacité, quand elle ne se traduira pas par une couche uniformément noire.

Et cependant, le blanc de plomb continue à être employé par les artistes. Il faut donc croire que ses qualités l'emportent encore sur ses défauts ou sinon que la routine et les préjugés sont vraiment choses bien tenaces.

Intoxication saturnine

Mais arrivons au reproche qui a provoqué déjà depuis longtemps et qui provoque particulièrement en ce moment de si véhémentes levées de boucliers : la toxicité de la céruse.

Cette toxicité est incontestable. La céruse est toxique au même titre que tous les composés du plomb.

Introduite dans l'organisme, la céruse comme tous les composés de plomb, y produit les accidents compris sous le nom général de saturnisme et dont la mort lente peut être le terme fatal.

Un des phénomènes physiologiques les plus caractéristiques

produits par l'absorption du plomb est, une coloration de la gencive connue sous le nom de « liseré bleu de Burton » ; ce symptôme constitue l'un des diagnostics les plus sûrs de l'intoxication saturnine.

Dans le même ordre de faits, mentionnons la propriété que possède le plomb de s'accumuler à la surface du corps, ce qui permet de reconnaître dans certains cas, un saturnin, au noircissement de la peau provoqué par une solution de sulfure d'ammonium, lequel avec le plomb produit du sulfure de plomb noir.

C'est ensuite toute une série d'affections : coliques de plomb, bronchites saturnines, diminution du nombre des globules rouges du sang.

Les plus graves sont les affections du système nerveux : troubles de la vue, de l'ouïe, épilepsie, encéphalopathie saturnine, exaltation de la sensibilité ou au contraire anesthésie ; paralysies plus ou moins partielles, tremblements, néphrite, goutte, albuminurie ; on a montré que le saturnisme était une porte ouverte à la tuberculose, qu'il déterminait une dégénérescence et que ses accidents avaient leur retentissement jusque dans la descendance des saturnins (avortements saturnins).

« Le plomb et ses composés, dans leur action toxique, occupent une place à part, comparée à celle des autres métaux ou poisons.

Cette action est si intense qu'elle fait penser à un poison général du protoplasma, et cependant cette propriété ne paraît pas devoir lui être attribuée ; ainsi le plomb et ses composés représentent des poisons relativement peu énergiques pour les organismes inférieurs ; c'est-à-dire qu'ils se conduisent comme des antiseptiques faibles.

« En réalité le plomb et ses dérivés constituent un poison spécifique mais cette spécificité ne s'exerce que sur certains tissus et organes (Dr H. Causse) ».

De plus, la susceptibilité de l'organisme à l'intoxication saturnine paraît éminemment variable. Dans un groupe d'ouvriers, exposés aux mêmes conditions d'absorption de composés plombiques, usant des mêmes précautions, les uns sont violemment intoxiqués, les autres restent indemnes.

Ces différences dépendent de la facilité d'absorption et d'excrétion ; toutefois les personnes faibles et anémiques, les alcooliques offrent, en général, moins de résistance.

Enfin, pour terminer cette longue liste des méfaits de la céruse, il est bon d'ajouter que le plomb a la propriété de s'accumuler dans l'organisme d'une façon lente mais tenace, et qu'il en est difficilement éliminé, ce qui rend son danger encore plus réel.

L'intoxication saturnine par la céruse

La céruse est donc un poison.

La question est de savoir maintenant si les accidents qu'elle peut produire sont évitables. A cette question, les peintres répondent, en général, par l'affirmative.

Examinons donc les conditions dans lesquelles est employée la céruse et dans lesquelles elle peut agir sur l'organisme.

D'une façon générale, le poison pourra être absorbé de trois manières différentes : par les voies respiratoires, par les voies digestives, et par contact avec la peau.

Dans le premier cas, ce sera sous forme de poussières mélangées à l'air. Il ne saurait être question de vapeurs plombiques à la température ordinaire : dans les conditions où l'on opère, la céruse ne peut donner aucune vapeur, si ce n'est dans l'opération du brûlage des vieilles peintures, qui, par la réduction du sel de plomb, produit un dégagement de vapeurs plombiques.

Dans les deux derniers cas, la céruse pourra être assimilée toutes les fois que les mesures de propreté nécessaires ne seront pas prises. Il paraît de plus bien démontré que la céruse peut pénétrer à travers la peau : on cite des exemples de paralysies de la main et du bras produites par le contact prolongé de la substance avec l'épiderme.

Nous avons vu déjà que la préparation de la céruse était réalisée actuellement de telle façon que tout danger d'intoxication se trouvait à peu près écarté.

Il n'en a pas toujours été ainsi et ce n'est qu'à la suite de perfectionnements apportés à cette industrie et sous l'action de règlements sanitaires consciencieusement observés qu'on est arrivé à ce résultat.

Les cérusiers étaient autrefois atteints de saturnisme dans des proportions qui, dans certains cas, sont allées jusqu'à 100 p. 100. Actuellement cette proportion est devenue insignifiante.

D'après certaines statistiques (1), la profession la plus exposée au saturnisme serait actuellement celle de peintre.

____

(1) Ces statistiques sont uniquement relatives à Paris et elles ne sauraient s'appliquer à la province pour les raisons que nous ferons valoir plus loin.

Les opérations dangereuses dans la peinture

Voyons alors quelles sont, dans cette profession, les manipulations plus ou moins insalubres auxquelles donne lieu la céruse.

Une des opérations sans contredit les plus dangereuses de la profession de peintre est, ou plutôt était le *broyage*. La céruse était autrefois livrée en pains ; il fallait la pulvériser dans des mortiers et la mélanger à l'huile ; cette opération était faite par le peintre lui-même, et elle provoquait des poussières éminemment dangereuses à respirer.

On peut dire que du jour où la céruse a été livrée au peintre, en pâte broyée mécaniquement, sa profession est devenue de ce fait tout aussi salubre que beaucoup d'autres professions.

Une chose qu'il faut noter, c'est que les saturnins actuels sont pour la plupart des saturnins de vieille date, et que leur saturnisme date de l'époque où ils étaient obligés de se livrer à l'opération du broyage.

Passons maintenant aux autres opérations relatives à la peinture :

C'est d'abord la préparation de la surface à peindre.

Si c'est une partie neuve, on l'*impressionne* avec une peinture plus liquide ; puis l'on *ponce* ces premières couches avec un papier verré. Le ponçage, effectué à sec, dégage des poussières qu'on évite par le ponçage humide. Ce ponçage à sec a d'ailleurs été interdit par la réglementation de 1902.

Si la partie à peindre porte des traces d'anciennes peintures, on soumet celles-ci à un grattage qui lui aussi, effectué à sec, est éminemment dangereux par les poussières qu'il provoque. On les évitera en brûlant les peintures (1) ou mieux encore en les lessivant avec des solutions caustiques. Actuellement c'est là le procédé le plus généralement employé.

Vient ensuite le *masticage* ou *rebouchage* destiné à combler les cavités et à niveler les surfaces. Une pâte assez épaisse est pour cela

---

(1) Le brûlage des peintures, comme nous l'avons dit, n'est pas sans danger par suite des vapeurs plombiques qui se dégagent. (Voir à ce sujet la préface de M. le Dr H. CAUSSE).

nécessaire ; ordinairement ce masticage est fait alors à la main et peut provoquer une absorption cutanée. Mais il entre dans la composition du mastic employé une grande quantité de blanc de Troyes ou de plâtre et il arrive alors que la proportion de céruse employée pour cet usage est très faible et même souvent nulle. Cette opération se trouve encore de ce fait relativement peu dangereuse.

L'*enduisage* est l'opération qui consiste à parachever certains détails en relief, les moulures notamment avant d'y passer les dernières couches de peinture. On l'obtient au moyen d'un mastic plus liquide qu'on étend soit à la main soit au moyen de palettes et de couteaux.

Fait à la main, l'enduisage constitue, actuellement, une des opérations les plus dangereuses de la profession de peintre. Il faut dire que cette opération est pratiquée par des spécialistes et que cette industrie est exclusivement parisienne ; les enduiseurs parisiens sont payés aux pièces ; et ils font l'enduisage à la main pour aller plus vite.

En province, à Lyon notamment, cette opération est faite par les peintres eux-mêmes avec palettes et couteaux, et, elle devient de ce fait inoffensive. Il serait à souhaiter que l'enduisage à la main fût interdit : c'est lui qui fournit actuellement le plus de victimes au saturnisme.

En résumé, la plupart des opérations que comporte la profession de peintre restent, dans les conditions présentes à peu près inoffensives à condition de prendre certaines précautions hygiéniques.

Tous les ouvriers soigneux et sobres sont à même de prendre de pareilles précautions ; et ils les prennent effectivement. Et ceux-là en général ne deviennent pas saturnins.

L'intoxication saturnine par les produits autres que la céruse

Il nous reste maintenant à passer en revue les produits qui sont susceptibles de remplacer la céruse dans ses diverses applications.

Les dangers de la céruse sont connus depuis longtemps, et depuis longtemps aussi, on cherche à la remplacer par un produit équivalent inoffensif.

Mais avant d'examiner les divers succédanés qui lui ont été proposés, nous ne saurions passer sous silence les nombreux composés de plomb employés en peinture ou dans les différentes branches de l'industrie, produits qui tous, et quelques-uns à un plus haut degré, présentent la toxicité de la céruse.

A côté de la céruse, il faut d'abord placer des composés analogues :

Le *blanc d'argent* qui est du carbonate de plomb obtenu par précipitation ; c'est le produit employé dans la peinture artistique.

Le sulfate de plomb, appelé encore *blanc de Mulhouse* est un composé obtenu par précipitation, qu'on a cherché à employer à la place de la céruse ; c'est un sous-produit de la préparation de l'acétate d'alumine employé comme mordant en teinture. Le sulfate de plomb ne couvre pas et n'a pas la résistance de la céruse : il n'a, mélangé à l'huile que le rôle d'une poudre inerte. On l'emploie en mélanges.

Parmi les autres composés de plomb d'un usage courant dans la peinture, il faut citer en première ligne, le *minium*, ou oxyde salin de plomb (Pb^3O^4) qu'on obtient par oxydation à l'air, à haute température du protoxyde de plomb (PbO).

On sait que le minium joue un grand rôle dans la peinture des métaux. Toutes les parties métalliques sont ordinairement recouvertes d'une première couche d'une peinture au minium, avant de recevoir la couche de peinture définitive qui sera ainsi rendue plus adhérente. Il est de plus reconnu que le minium forme sur le métal une couche protectrice le garantissant de toute oxydation.

Or, le minium présente dans son emploi, comme d'ailleurs dans sa fabrication, des dangers d'intoxication encore plus grands que la céruse. C'est l'ouvrier lui-même qui broie avec l'huile le minium qui lui est livré en poudre. De plus le minium ne forme pas avec l'huile une pâte liante comme la céruse : cette peinture est très liquide et le peintre est exposé, pendant le travail, à recevoir bien plus facilement des éclaboussures sur les mains et sur le visage.

De l'avis de tous les ouvriers peintres, la peinture au minium présente de ce fait, bien plus de dangers que la peinture à la céruse. Ajoutons que tous les produits tels que le minnium de fer (*colcotar*, ou sesquioxyde de fer) qu'on a tenté d'employer à la place du minium n'ont pas donné des résultats concluants. Ces produits contenaient d'ailleurs toujours de fortes proportions de minium de plomb,

On a donc tort de s'élever uniquement contre la céruse et de faire de ce produit unique un épouvantail devant l'opinion publique. Il y aurait beaucoup plus de raisons de s'élever en général contre le plomb et contre tous les composés du plomb !

Et à ce propos, nous ferons la remarque suivante :

C'est que la récente réglementation de 1902 sur la peinture à la céruse a eu cette conséquence inattendue d'encourager en quelque sorte et d'une façon indirecte la peinture au minium :

Dans certains grand travaux administratifs accomplis tout dernièrement à Paris (1), on a remplacé la peinture à la céruse par une couche de minium sur laquelle on a passé ensuite une couche de blanc de zinc. Ce n'est certainement pas là le but que se proposait le législateur. Cet exemple montre en tout cas l'inconvénient des règlementations qui ne sont pas faites avec un esprit suffisamment large ; il arrive alors que c'est la lettre qui tue l'esprit.

Avec le minium, il faut citer également la litharge ou protoxyde de plomb (PbO) qui est employée pour communiquer à l'huile son pouvoir siccatif.

Quant au chromate de plomb ou *jaune de chrome* obtenu enprécipitant un sel de plomb en dissolution par un bichromate, il présente, lui. un double danger qui est dû au plomb et à l'acide chromique qu'il contient.

M. le Dr Cazeneuve, professeur à la Faculté de Médecine de Lyon, a signalé il y a quelques années plusieurs cas d'empoisonnement dus au chromate de plomb,

Des jeunes filles étaient employées dans un atelier de dévidage de Lyon, à dévider de la soie qui était teinte au jaune de chrome. Au bout de quelques jours, elles tombèrent gravement malades ; l'une de ces dévideuses mourut même à l'Hôtel-Dieu. Elles avaient été empoisonnées par le chromate de plomb : l'intoxication s'était produite soit par le contact permanent des doigts avec le textile teint soit par les poussières ténues produites pendant les opérations du dévidage.

Mais, ce ne sont pas seulement les composés du plomb, c'est le plomb lui-même et ses nombreux alliages qui peuvent donner lieu aux mêmes accidents. Les ouvriers plombiers, les fondeurs, les typo-

(1) Le Métropolitain.

graphes payent leur tribut au saturnisme. Une industrie actuellement très florissante, la fabrication des accumulateurs, fournit à Paris de nombreuses victimes au saturnisme : et l'on n'a pas encore trouvé moyen de remplacer le plomb par un autre métal dans la fabrication des accumulateurs.

Parlerons-nous enfin du plomb employé dans les étamages, dans les soudures des boîtes de conserves notamment, et qui, là encore, occasionne de nombreux accidents ? Cela nous entraînerait bien loin.

Citons cependant un exemple d'intoxication hydrique due au plomb et observée dernièrement dans la région lyonnaise.

Le fait se produisit dans un couvent de religieuses du département de la Loire et fut signalé par un professeur à la Faculté de Médecine de Lyon. Toutes les religieuses sans exception furent atteintes en même temps des mêmes malaises : il y eut des morts. Le médecin, appelé constata la présence, chez toutes, du liséré bleu de Burton. On fit alors de nombreuses recherches pour découvrir les causes de cette intoxication saturnine. On eut l'idée d'analyser l'eau de citerne qui servait à l'alimentation : on vit qu'elle contenait une grande quantité de plomb qui provenait d'un tuyau récemment placé.

On sait en effet que l'eau de citerne, comme l'eau distillée attaque très facilement le plomb, alors que l'eau de rivières ou l'eau de source contenant des sulfates, donne avec lui une couche superficielle imperméable de sulfate de plomb garantissant le reste du métal de toute action ultérieure

Par les différents renseignements que j'ai pu recueillir j'ai dû constater que les cas graves d'intoxication saturnine observés dans notre région sont le plus souvent dus à des composés de plomb autres que le céruse. En tout cas, on voit qu'on ne saurait lui imputer toutes les victimes du saturnisme.

Dans les conditions actuelles de l'industrie, on ne peut évidemment se passer du plomb et de ses composés. Si l'on veut combattre les effets néfastes de ces produits, il semble tout d'abord préférable de soumettre leur emploi à une réglementation sévère. Mais il paraît exagéré et irrationnel de vouloir plutôt prohiber l'un de ces composés en particulier que de les réglementer tous en bloc.

On a cependant estimé que parmi tous ces composés du plomb, il en était un dont on pouvait sans inconvénient interdire l'emploi en le remplaçant par d'autres produits équivalents. Ce produit c'est la céruse.

Nous pensons bien que si à l'heure actuelle, on veut proscrire l'emploi de la céruse et non celui des autres produits plombifères, c'est parce qu'on a la ferme conviction que de tous ces composés, c'est le seul qui puisse actuellement être remplacé sans inconvénients. Cette conviction n'est malheureusement pas partagée par tout le monde et en particulier par ceux qui, semble-t-il, seraient les plus intéressés à cette substitution, par les peintres eux-mêmes.

Etudions donc, maintenant, les produits qu'on oppose à la céruse et que l'on se propose de lui substituer.

LES SUCCÉDANÉS DE LA CÉRUSE

Si l'on essaye de remplacer, dans la peinture, la céruse par un produit blanc quelconque, on vérifie alors ce que nous exposions plus haut :

A savoir que la céruse ne joue pas, vis à vis de l'huile employée, le rôle d'un corps inerte, mais qu'elle intervient pour une part importante dans la solidification, dans le durcissement, dans la solidité et dans les différentes qualités de la peinture obtenue.

Selon la nature de la substance employée, la peinture n'aura pas l'opacité nécessaire pour couvrir et masquer une surface donnée, on dira qu'elle n'a pas de « pouvoir couvrant » ; elle séchera et durcira mal, il faudra lui ajouter un siccatif tel que la litharge ou des sels de manganèse qui pourront alors modifier la nuance obtenue ; ou bien alors, on sera obligé de mélanger cette substance plus ou moins inerte avec la céruse, et dans ce cas, qui est fréquent, et plus fréquent qu'on ne l'imagine. le but poursuivi ne sera pas atteint.

On pourrait évidemment faire de la peinture en mélangeant de l'huile à la craie pulvérisée, à du plâtre, à du talc, du kaolin. La peinture obtenue serait demi-transparente ; mais de plus, à part ce pouvoir couvrant très faible, elle n'aurait pas non plus les qualités requises pour une bonne peinture.

Dans cette catégorie de substances blanches inertes que l'on peut employer à la place de la céruse, se place le sulfate de baryte.

Le *Sulfate de baryum* (SO_4Ba) est un corps blanc, très dense, insoluble dans l'eau et dans tous les dissolvants, à affinités chimiques nulles : c'est la substance inerte par excellence. Elle a au moins, et pour cette raison, l'avantage d'être inoffensive ; à cet avantage se joint celui de son bon marché. Ces deux avantages sont évidemment précieux ; mais ils ne sont pas suffisants.

Le sulfate de baryum se rencontre tout formé dans la nature : il constitue le *spath pesant* ou *barytine*. Il se présente sous l'aspect de grandes masses cristallines. On exploite actuellement près de Lyon, dans les terrains cristallins du Lyonnais, entre Izeron et Vaugueray, un gisement de barytine.

Cette barytine après calcination au rouge est pulvérisée en présence de l'eau. Par une agitation en présence de cette eau, les parties fines se séparent et forment après dépôt et dessication une pâte blanche qui pourra être employée dans la peinture.

Le sulfate de baryte naturel ainsi obtenu a un très faible pouvoir couvrant. On l'emploie mélangé à la céruse ou au blanc de zinc.

Comme il coûte bien meilleur marché, on considère souvent son addition à ces corps comme une falsification.

Le *blanc fixe* ou sulfate de baryte artificiel couvre un peu mieux. Il a été obtenu par précipitation ; il constitue ordinairement un résidu de la fabrication de l'eau oxygénée au moyen du bioxyde de baryum. Son pouvoir couvrant plus grand est dû à ce fait qu'il ne se présente pas sous le même état cristallin que le sulfate naturel. Comme lui il est inaltérable et inoffensif.

Il est, lui aussi, habituellement employé dans la peinture mélangé à la céruse ou au blanc de zinc.

Employé seul, le blanc fixe n'a pas les qualités d'une bonne peinture. On a remarqué en outre que la peinture au blanc fixe, malgré cette dénomination rappelant que les composés de baryum ne noircissent pas par les émanations sulfhydriques, prend néanmoins, au bout de quelque temps, un aspect jaunâtre assez désagréable. Cet aspect est probablement dû à la matière colorante de l'huile qui dans ce cas ne se trouve pas détruite comme elle l'est dans le cas de la céruse, ainsi que nous l'avons dit.

Le *lithopone* ou *blanc anglais*, encore appelé *couleur sanitaire de Thomas Griffith et Cie* est un mélange de deux poudres blanches obtenues par précipitation simultanée : le sulfate de baryum et le sulfure de zinc. On obtient ce mélange par une double décomposition entre une solution de sulfure de baryum et une solution de sulfate de zinc. Le précipité obtenu ($SO^4Ba + ZnS$) est comprimé à deux atmosphères ; on le chauffe au rouge blanc, on le projette dans l'eau froide, et on le pulvérise. Après lavage, on le comprime en gâteaux ou on le broie avec de l'huile et il est livré au commerce.

Il a ainsi l'aspect de la céruse. Il joue dans la peinture le rôle d'une poudre inerte ayant cependant un pouvoir couvrant un peu plus grand que le sulfate de baryum employé seul. Quant à son innocuité elle n'est pas absolument démontrée : le sulfure de zinc qui entre dans sa constitution peut en effet, sous certaines influences, être facilement décomposé et laisser dégager de l'hydrogène sulfuré, ce qui ne serait peut-être pas sans quelque danger ou sans inconvénient.

Sans doute le lithopone, que l'on considère comme inoffensif a encore l'avantage de ne pas noircir sous l'action des émanations sulfhydriques. Mais ne possédant aucun pouvoir oxydant, il doit être mélangé à un siccatif. Or, si ce siccatif est la litharge, il peut se produire la réaction suivante : au contact du sulfure de zinc, une double décomposition se produit avec l'oxyde de plomb, et la litharge se trouve transformée en sulfure de plomb noir. D'où la nécessité d'employer des siccatifs à base de manganèse qui eux aussi, pourront modifier la nuance primitive.

Nous ne voudrions pas trop discréditer ce produit. Mais cependant nous sommes bien obligé de tenir compte de l'opinion de ceux qui en font constamment usage.

Ce qui prouve bien que le lithopone ne peut constituer une peinture de bonne qualité c'est ce qu'il n'est en général, jamais employé seul :

D'après l'enquête faite par la chambre syndicale du Bâtiment de Lyon « *les meilleurs blancs lithopones broyés livrés par le commerce* GARANTIS SANS PLOMB *ont toujours été ceux qui renfermaient* LE PLUS DE CÉRUSE. » (!!!)

« Le blanc de lithopone, dit encore le même rapport, que chaque commerçant ou industriel décore de noms aussi nombreux qu'attrayants placé à l'intérieur et à l'abri des intempéries simule assez bien de la peinture; mais il n'en sera jamais. Son rôle est de rester dans la préparation des peintures vernissées, genre Ripolin, où son absence de réactions chimiques, et son impalpabilité en font un produit intéressant ».

A côté du sulfure de zinc, il faudrait mentionner un composé analogue, l'oxysulfure ou *hyposulfite de zinc*. Sa résistance à l'extérieur serait, d'après certains avis, supérieure à celle de tous les autres composés de zinc. Mais, par suite de sa cherté plus grande, son emploi en peinture est jusqu'à ce jour demeuré très restreint.

LE BLANC DE ZINC

Son emploi en peinture. — Comparaison entre le blanc de zinc et la céruse.

Arrivons maintenant au succédané le plus autorisé de la céruse : le *blanc de zinc*.

Sa constitution chimique est des plus simples. C'est de l'oxyde de zinc qui a d'ailleurs été obtenu par oxydation directe du métal.

Le zinc métallique est fondu et est porté au rouge blanc, à l'ébullition dans des cornues ; la vapeur de zinc qui s'en dégage s'enflamme au contact d'un jet d'air porté au préalable à 300°. L'oxyde de zinc qui résulte de cette combinaison est ensuite entraîné par un appel d'air dans différentes chambres de condensation où il va se déposer ; les flocons les plus légers allant dans les chambres les plus éloignées et s'y déposant en formant le blanc le plus pur, mais aussi le moins couvrant, le *blanc de neige* ; le blanc de zinc ordinaire allant se déposer dans les autres chambres et selon son degré de ténuité y constituer des blancs de différentes qualités, blancs n° 1, 2, 3 ; le produit le moins pur allant enfin se déposer le premier en formant le *gris de zinc*, mélange d'oxyde de zinc, de zinc pulvérisé et de différentes impuretés.

On peut également obtenir le blanc de zinc en grillant directement les minerais de zinc.

L'oxyde de zinc ainsi obtenu est un corps blanc, pulvérulent, insoluble, ayant à peu près l'aspect de la céruse, mais moins dense qu'elle. Il a l'avantage de ne pas noircir sous l'action des émanations sulfhydriques, le sulfure de zinc produit étant lui-même une substance blanche qui comme nous l'avons vu, peut être également employée dans la peinture.

On le considère comme un produit inoffensif. Peut-être cependant, pourrait-on à ce sujet faire quelques réserves. En effet, les sels de zinc sont habituellement considérés comme ayant la toxicité assez faible des sels de cuivre ; ils le sont cependant suffisamment pour qu'on ait pu observer chez les ouvriers travaillant constamment le zinc des cas de « zincisme » consistant particulièrement en affections du système nerveux (1). Mais, jusqu'à plus ample informé, et dans les conditions dans lesquelles on l'emploie en peinture, l'oxyde de zinc peut être considéré comme un produit inoffensif.

Ces deux qualités : inaltérabilité sous l'action des émanations sulfhydriques et innocuité le rendent donc doublement précieux dans la peinture.

Son emploi dans la peinture à la place du blanc de céruse a été préconisé pour la première fois par Courtois, en 1779.

A ce propos, j'ai remarqué que plusieurs auteurs répétaient que Courtois était chimiste à Lyon. J'ai fait à ce sujet des recherches et n'ai pas trouvé trace du passage à Lyon du chimiste Courtois. Courtois était en réalité préparateur, à Dijon, du professeur qui collabora avec Lavoisier, à la création de la nomenclature chimique, Guyton de Morveau.

L'emploi de l'oxyde de zinc ne commença à être généralisé dans la peinture qu'à la suite des travaux et essais du peintre Jean Leclaire, à Paris, en 1849.

L'emploi de l'oxyde de zinc dans la peinture est, depuis cette époque resté à peu près stationnaire jusqu'à ces dernières années.

Une hausse du plomb, en même temps que des règlementations concernant l'emploi de la céruse, permirent alors aux produits à base de zinc de lutter plus efficacement contre celle-ci.

Voyons maintenant quelques particularités de la peinture au blanc de zinc, particularités qui la différencient essentiellement de la céruse et qui font que son emploi a été si long à entrer dans la pratique.

Pouvoir couvrant.

Broyé avec de l'huile de lin, le blanc de zinc forme une pâte ayant quelque analogie avec la pâte à la céruse, mais qui est plus épaisse que cette dernière. Aussi nécessite-t-elle une quantité d'huile plus grande.

---

(1) Le zinc du commerce n'est d'ailleurs jamais pur. Il contient toujours de l'arsenic en quantités suffisantes pour occassionner des accidents. A-t-on jusqu'à présent assez envisagé cet inconvénient de l'emploi du zinc et de ses composés ?

Il en résulte qu'un certain poids d'oxyde zinc pourra recouvrir une surface plus grande que le même poids de céruse lequel a été broyé avec une quantité d'huile plus petite.

On veut parfois conclure de ce fait que le blanc de zinc a un pouvoir couvrant plus grand que la céruse, alors que de l'avis de tous les peintres, c'est plutôt le contraire qui a lieu.

L'erreur vient de ce qu'on cherche à faire naître une confusion sur le sens à donner au mot « couvrir ».

Si l'on considère comme pouvoir couvrant d'une peinture — et c'est bien là, croyons-nous, sa signification réelle — la faculté qu'elle a de masquer une surface, propriété qu'elle doit à son *opacité*, il est incontestable que le pouvoir couvrant de l'oxyde de zinc est inférieur à celui de la céruse. Alors qu'on emploiera deux couches de céruse pour un effet donné, il faudra employer trois couches de blanc de zinc : c'est là un fait bien certain.

Si on regarde comme pouvoir couvrant la faculté qu'a un poids donné d'un corps de pouvoir être étalé sur une plus grande surface, on trouvera qu'au contraire l'oxyde de zinc couvre « plus », sinon « mieux », que la céruse, en admettant qu'on ne tienne pas compte de la quantité d'huile employée.

En réalité, c'est là une question d'ordre secondaire et sur laquelle on pourrait indéfiniment prolonger des discussions superflues. Pour accorder les opinions extrêmes, admettons donc qu'il y a égalité de pouvoir couvrant entre la céruse et le blanc de zinc.

Et envisageons maintenant un autre point de vue.

Nécessité de l'emploi d'un siccatif.

Un fait expérimental et sur lequel tout le monde est d'accord, c'est que la pâte obtenue avec l'oxyde de zinc durcit bien moins vite à l'air que la pâte à la céruse. On est bien obligé d'admettre, pour expliquer ce fait, que, par sa constitution chimique, la céruse intervient pour accélérer ce durcissement et cette solidification : c'est ce que nous exposions précédemment.

On obviera à cet inconvénient en incorporant au blanc de zinc un siccatif. Ce siccatif pourrait être de la litharge. Le siccatif préconisé par la Société La Vieille Montagne est à base de sels de manganèse.

Grâce à ce siccatif qui intervient par son pouvoir oxydant, on arrivera à suppléer à l'insuffisance de l'oxyde de zinc, au point de vue de la siccativité.

Avantages du blanc de zinc.

Voyons maintenant les résultats obtenus au point de vue de la beauté de la peinture.

Tout d'abord, il semble bien qu'on doive accorder au blanc de zinc le privilège de réaliser une peinture d'un blanc plus pur que la céruse.

En effet, l'oxyde de zinc jouit de cet avantage incontestable de ne pas noircir par l'hydrogène sulfuré. Cet avantage est très appréciable dans certains cas, comme je l'ai déjà dit. Mais placé dans les conditions ordinaires, à l'intérieur des appartements, l'action de ces émanations est souvent inappréciable, même après plusieurs années.

J'ai observé moi-même le fait suivant :

J'ai fait peindre à la même époque dans mon appartement, deux pièces, l'une au blanc de zinc, l'autre au blanc de céruse. Au bout de cinq années, alors que la pièce peinte à la céruse était restée parfaitement blanche à peu près en toutes ses parties, la pièce peinte au blanc de zinc avait pris un aspect grisâtre uniforme plutôt désagréable. J'ai tout d'abord pensé qu'il y avait eu erreur et que la pièce qui avait bruni était bien peinte à la céruse ; mais, il n'en était rien : avec une solution d'hydrogène sulfuré, j'ai pu vérifier très facilement que la peinture qui était restée blanche pendant cinq ans noircissait instantanément avec une goutte d'acide sulfhydrique, tandis que celle qui avait bruni à la longue restait parfaitement inaltérée par l'acide sulfhydrique.

On voit donc que dans certaines circonstances la céruse restera blanche alors que la peinture à base de zinc se ternira. Ce brunissement pourra provenir soit du siccatif employé, soit de la matière colorante de l'huile, qui ne se trouve pas oxydée par l'oxyde de zinc.

Peut-être objectera-t-on que dans le cas ci-dessus, la peinture avait été mal préparée ou qu'elle était de mauvaise qualité. Quoi qu'il en soit, cette expérience que je cite, parce qu'elle m'est personnelle,

montrerait toujours que la peinture aux composés·de zinc présente
plus de difficultés techniques dans son exécution que la peinture
banale à la céruse. Cela expliquerait peut-être la répugnance qu'ont
les peintres à l'employer.

Un avantage incontestable du blanc de zinc, c'est qu'il peut être
incorporé sans inconvénient à n'importe quel autre colorant. On sait
en effet que la céruse ne rentre pas seulement dans la composition de
la peinture blanche mais qu'on la mélange à la plupart d'autres produits colorés auxquels elle donne du « corps ». Certains de ceux-ci, le
vermillon notamment et les autres composés sulfurés ne doivent pas
être en contact avec elle ; car ils provoqueraient sa sulfuration et la
transformeraient en sulfure de plomb noir. L'oxyde de zinc n'aura
évidemment pas cet inconvénient.

Résistance et durée comparatives des peintures au blanc de zinc et à la céruse

Mais le principal reproche qu'on adresse à la peinture au blanc de
zinc, c'est son manque de résistance. Dans l'intérieur des appartements, cela n'a pas beaucoup d'importance : la peinture n'a à résister
qu'à quelques heurts et frottements en certains points.

A l'extérieur, il n'en est plus de même. La peinture au blanc de
zinc s'effrite, se fendille, et manque de durée. C'est là un point sur
lequel les peintres sont à peu près tous d'accord.

Et cela est si vrai que toutes les peintures qu'ils exécutent à
l'extérieur, même celles au blanc de zinc, auront toujours en
général la première couche passée à la céruse, à moins qu'elle
ne le soit au minium.

Nous avons déjà dit ce qu'il fallait penser de cette différence de
propriétés entre les deux peintures.

Il se produit, dans la peinture au plomb, un enduit corné, un savon
de plomb dur et élastique qui offre une grande résistance aux agents
atmosphériques et notamment aux variations de la température. Rien
de pareil ne se produit avec l'oxyde de zinc : celui-ci ne donne pas
avec l'huile de savon de zinc. A part la propriété de se comporter
comme oxydant relativement faible, — et en tous cas insuffisant, nous

l'avons vu — l'oxyde de zinc ne joue à peu près dans la peinture que le rôle d'un corps inerte ; il n'apporte guère avec lui que son opacité.

Expériences de M. J. Breton

M. J. Breton a fait à ce sujet des expériences de laboratoire qui tendraient à nier ces faits. Ces expériences ont fait l'objet d'une communication à l'Académie des Sciences de Paris.

M. Breton a traité de la pâte de céruse et de la pâte de blanc de zinc par différents réactifs chimiques et il a vérifié leur plus ou moins de résistance vis-à-vis de ces réactifs.

Puis il s'est efforcé de montrer que la céruse résistait bien moins que ses succédanés aux variations brusques de température, que la peinture à la céruse était moins adhérente que les autres aux supports sur lesquels on l'appliquait, avait une tendance bien plus marquée à se boursoufler, que le pouvoir couvrant de la céruse était inférieur à celui des autres produits, etc.

Mais on est bien obligé de reconnaître :

1° Que ces résultats sont en général, précisément la contre-partie de ceux qui sont affirmés par les praticiens.

2° Que ces expériences n'ont peut-être pas été faites dans les conditions désirables.

Au point de vue de l'appréciation de la solidité d'une peinture placée dans les conditions normales, il semble bien qu'il n'appartienne pas qu'au chimiste le droit de se prononcer d'une façon catégorique ; mais que ce rôle échoit bien plutôt au professionnel.

Les circonstances dans lesquelles nous pouvons étudier les propriétés d'une peinture dans nos laboratoires ne sont pas identiques à celles dans lesquelles elles se trouvent habituellement placées. Pouvons-nous réaliser dans nos laboratoires les conditions naturelles dans lesquelles la peinture se trouve pendant plusieurs années, à l'extérieur, au soleil, à la pluie, au froid, à l'humidité, à la sécheresse, etc. ? Cela paraît bien difficile.

Le meilleur juge en pareil cas semble bien être le peintre lui-même. Lui seul, par son expérience de tous les jours, peut se rendre compte si une peinture résiste ou si elle ne résiste pas.

Au chimiste, il appartiendra ensuite de venir expliquer le pourquoi de ces différences, et de chercher à y remédier, si possible.

Nous parlions précédemment de travaux faits à l'étranger sur la constitution et les propriétés particulières de la céruse.

Nous pourrions multiplier ces citations.

Nous pourrions citer entre autres, le rapport très circonstancié du savant chimiste belge Stass, fait lors de l'Exposition Universelle de Paris en 1855.

Rapport du chimiste Stass.

Examinant les céruses et blancs de zinc envoyés par les différents fabricants, à cette époque, il fait le parallèle entre les deux produits, leurs propriétés, leurs modes d'emploi, etc.

A la suite des travaux de Leclaire qui avait réussi à rendre pratique la préparation et l'emploi du blanc de zinc en peinture, une campagne très active avait déjà été faite à cette époque en faveur du blanc de zinc.

Cette campagne paraissait alors d'autant plus justifiée, qu'à ce moment-là la fabrication de la céruse n'avait pas atteint les perfectionnements actuels, que la céruse était encore broyée par le peintre, de telle sorte que la profession de cérusier, ainsi que celle de peintre pouvaient alors être vraiment considérées comme parmi les plus insalubres.

Malgré ces conditions particulières dans lesquelles se trouvait alors la question de la substitution du blanc de zinc à la céruse, voici comment s'exprime à cet égard le célèbre chimiste :

« Après des recherches assidues, poursuivies pendant quatre années, et dans lesquelles il s'était fait aider par M. Ernest Parruel, après avoir fait des sacrifices considérables d'argent, M. Leclaire découvrit un procédé de fabrication du blanc de zinc qui permet de le fournir en concurrence avec le blanc de plomb, procédé qui peut s'exécuter sans inconvénient sensible pour les ouvriers ; il trouva en même temps un moyen de rendre la peinture au blanc de zinc siccative, sans rendre préalablement l'huile de lin siccative avec un composé de plomb ; enfin il fit connaître une série de couleurs jaunes et vertes, inaltérables et inoffensives, pouvant remplacer avec avantage toutes les couleurs à base de plomb, de cuivre et d'arsenic. Lorsque M. Leclaire communiqua l'objet de ses recherches, il avait déjà fait l'application de la peinture au blanc de zinc sur plus de *deux mille* maisons ou édifices publics.

« Il est certain qu'à ce moment un pas immense était fait : il ne s'agissait pas d'essais en petit (1). En effet, la fabrication économique du blanc de zinc venait d'être résolue et une des causes d'arrêt de son emploi avait ainsi disparu.

« Le reproche adressé à la peinture au blanc de zinc quant au défaut de dessication tombait devant la découverte du siccatif spécial. De ce jour, on possédait donc une peinture d'une innocuité parfaite, d'une grande blancheur économique sous le rapport de la matière minérale qui la constitue. *Mais c'est au temps qu'il appartenait de décider de sa solidité relative dans toutes les conditions où l'on doit l'appliquer.*

« C'est dans cette situation que M. Leclaire céda ses procédés de fabrication et les privilèges qui lui garantissaient ses découvertes à la Société anonyme des Mines et Fonderies de zinc de la Vieille-Montagne. *Cette société puissante et riche, possédant la plupart des grands gisements de minerais de zinc de l'Europe, fit des efforts prodigieux pour propager la peinture au blanc de zinc. On peut hardiment affirmer que si, dans l'avenir, aujourd'hui même, on donne la préférence pour certains usages au blanc de plomb et que si nous déclarons plus loin que le blanc de zinc* NE PEUT PAS *remplacer dans toutes les circonstances le blanc de plomb, ce ne sont ni les préjugés, ni la routine, cet ennemi né de tous progrès, et moins encore le mauvais vouloir qu'il faudra en accuser, mais bien la nature intime du blanc de zinc lui-même qu'il n'est pas au pouvoir de l'homme de changer.* »

Comparant ensuite les propriétés des deux produits en présence, Stass conclut de la façon suivante :

« 1° Pour l'intérieur des bâtiments et pour la peinture artistique, la peinture au blanc de zinc peut remplacer en tous points la peinture

____

(1) En 1854, on a consommé en France, pour la peinture, 6.000.000 de kilogrammes de blanc de zinc. L'année suivante, cette consommation diminuait et cette diminution s'accentua ensuite de plus en plus.

à la céruse : elle a même sur cette dernière l'avantage de ne pas changer de couleur sous l'influence des émanations sulfurées ;

« 2° Pour l'extérieur des bâtiments, exposés au soleil, à l'humidité, elle résiste moins aux causes destructives de la peinture en général ; elle a moins de durée et préserve moins longtemps les surfaces sur lesquelles elle est appliquée. *Pour l'extérieur, le blanc de zinc ne peut donc pas remplacer économiquement le blanc de plomb.* »

En terminant son rapport, Stass montre enfin que la cause de cette infériorité du blanc de zinc sur la céruse tient à la nature et la constitution particulière de celle-ci et à des phénomènes de saponification et d'oxydation sur lesquels nous nous sommes déjà longuement étendu.

Affirmations de M. Armand Gauthier

Qu'on nous permette enfin de citer ici l'opinion d'un savant français qui est à la fois un chimiste et un hygiéniste des plus autorisés : M. Armand Gauthier, membre de l'Institut, professeur à l'Ecole de Médecine de Paris. M. A. Gauthier appelé à donner son avis devant la Commission parlementaire de la Chambre des Députés, réunie en 1902 en vue d'élaborer le projet de loi actuellement devant le Sénat, commence en ses termes sa déposition (1) :

« Je crains, dit-il, de ne pas être entièrement d'accord avec mes très honorables collègues et amis ici présents ; *mais je crois que le blanc de céruse en peinture ne peut pas être pratiquement supprimé.* Tel est en deux mots le résumé de mon opinion.

« *C'est qu'en effet, il ne s'agit pas ici seulement d'un principe d'hygiène sur lequel nous sommes tous du même avis, mais aussi d'une question de chimie technique et pratique.* »

« ...Je reconnais, dit-il encore, qu'il est très regrettable d'être ainsi forcé en beaucoup de cas de recourir aux sels de plomb pour obtenir de bonnes peintures... Mais il faut remarquer qu'aujourd'hui nous ne sommes plus au temps où les ouvriers maniaient les sels de plomb à l'état sec... Aujourd'hui, les usines livrent la céruse toute

(1) M. A. Gauthier est membre du Conseil d'hygiène et de salubrité de la Seine ; depuis 1880, il y est chargé du rapport triennal sur l'intoxication saturnine à Paris. C'est à la suite de ses rapports qu'ont été notamment prises dans les fabriques de céruse les mesures d'hygiène dont nous avons déjà parlé.

mélangée à l'huile. Plus de poussières, ni d'émanations. Il faut vouloir manger avec des mains encore salies de couleur, des blouses de travail couvertes de leurs maculatures pour s'intoxiquer sérieusement..., etc.

« ...Comme hygiéniste théoricien, je suis de l'avis de mes honorables collègues de l'Académie... Comme chimiste et homme pratique, je suis obligé de reconnaître qu'il est impossible pour certains usages de remplacer les composés du plomb dans la peinture... »

Et M. A. Gauthier poursuit en exposant ce que nous avons déjà exposé : les propriétés de la céruse et la théorie de sa solidification :

« ...Les sels de plomb, je le regrette, produisent seuls une véritable combinaison chimique très solide qui, sans jamais devenir cassante, constitue un enduit corné inattaquable. L'oxyde de zinc, l'oxysulfure, le sulfate de baryte ne donnent avec les huiles que de simples mélanges.

« En ce qui concerne les essais comparatifs de peinture au blanc de zinc, dit-il encore, il convient peut-être de se montrer un peu méfiants. *En réalité presque toujours les prétendus blancs de zinc contiennent de la céruse ;* les peintres, en effet, savent très bien que seule la céruse peut donner des peintures résistantes. Ils emploient le blanc de zinc pour contenter le client qui l'exige, mais ils le mélangent aussi de céruse pour obtenir un bon travail qui ne leur attire pas de reproche. »

A cela nous pourrions ajouter que lorsqu'ils ne le font pas, eh bien ! ce sont leurs fournisseurs qui le font. Les peintres n'emploient presque plus à l'heure actuelle que des mélanges vendus sous des noms quelconques, mais contenant en réalité de très grandes proportions de céruse : ils sont parfois persuadés de plus employer de la céruse alors qu'ils en emploient toujours mais à leur insu. Nous avons pu vérifier cela maintes fois.

Devant la commission d'enquête du Sénat, le 16 mars 1904, M. A. Gauthier confirma sa déposition faite devant devant la Chambre :

« ... En raison, dit-il, de tous les inconvénients et de tous les méfaits de la peinture au plomb, mais tenant compte, d'autre part, de la difficulté de la remplacer par d'autres produits qui n'ont pas les mêmes qualités, nous avons demandé au Conseil d'Hygiène, et bien des fois émis le vœu que la totalité des peintures employées par l'Etat et par les administrations de la Ville de Paris, lorsqu'il s'agit de peintures à l'intérieur des habitations, soit exclusivement faite avec des substances non plombifères, par exemple avec le sulfure de zinc, l'oxyde, les oxysulfures mélangés de sulfate de baryte, etc., procédés que l'on sait employer aujourd'hui pour remplacer le plomb et qui couvrent suffisamment.

« Mais je ne voudrais pas prendre la responsabilité de demander la même exclusion du plomb pour les peintures extérieures, parce que celles-ci, lorsqu'elles sont faites avec des enduits tels que ceux que je viens de citer dans lesquels l'oxyde, le sulfure de zinc ou les sulfates ne contractent aucune combinaison avec les corps gras, n'ont aucune tenue, aucune résistance. Elles ne peuvent être soumises ni à l'action de l'humidité, ni surtout aux intempéries ou à l'eau de mer. Consistant en de purs mélanges où la substance couvrante n'a contracté aucune combinaison avec l'huile, elles n'ont aucune stabilité. Ce n'est pas que ces peintures ne couvrent pas suffisamment, c'est qu'elles ne sont pas suffisamment inaltérables. La combinaison avec l'huile, qui se fait dans le cas de la céruse, combinaison imperméable, inaltérable à l'eau, à la fois plastique et tenace, ne se fait pas avec les oxydes de zinc ; l'insolubilisation ne se produit pas ; c'est un simple placage mécanique que l'on ne peut pas espérer voir longtemps protéger les surfaces qui en sont couvertes.

« Aussi je ne puis m'associer à ceux qui demandent que l'Etat interdise à cette heure, par ses cahiers des charges, de peindre à la céruse, même à l'extérieur.

« ... *Le jour où l'Etat aura imposé dans ses cahiers des charges l'emploi pour ces travaux d'une peinture* EXEMPTE DE CÉRUSE, *je suis à peu près certain d'après les assurances des techniciens plus compétents que moi, d'architectes distingués et qui n'ont aucune raison d'avoir une opinion défavorable aux peintures à base de zinc, qu'on sera obligé de revenir à la céruse.*

« ..... *Je crois néanmoins qu'on peut supprimer la céruse à l'intérieur, qu'il y aura quelques inconvénients de détail, un peu plus de dépenses, mais que ce n'est pas une chose impraticable, et que cette pratique est très désirable.* »

Sans vouloir ici contester en rien les résultats des expériences faites par M. J. Breton, nous tenions néanmoins à les mettre en présence d'autres affirmations scientifiques, affirmations dont l'autorité ne peut être constestée par personne et qui font certainement perdre aux allégations précédemment mentionnées beaucoup de leur valeur.

Le prix du blanc de zinc.

De tout cet exposé, il résulte donc ce fait bien acquis qu'avec la propriété de ne pas noircir par les émanations sulfhydriques, le seul avantage vraiment bien démontré que l'on puisse invoquer en faveur de l'oxyde de zinc réside dans son innocuité.

Tous les autres prétendus avantages ne résistent ni à la critique scientifique ni à la critique de l'expérience.

Parmi ces prétendus avantages, il en est un sur lequel nous voudrions insister et pour le compte duquel on dénature trop souvent la simple et banale vérité. C'est la question du prix de revient d'une peinture au blanc de zinc.

Si l'on consulte les prix courants du commerce, on s'aperçoit tout d'abord qu'il n'y a pas beaucoup de différence de prix entre la céruse et le blanc de zinc.

Tandis que la céruse en poudre vaut environ 55 fr. les 100 kil. et la céruse broyée 58 à 60 fr., on trouve dans le commerce du blanc de zinc pulvérisé à des prix variant de 60 à 65 fr. et du blanc de zinc broyé valant de 65 à 70 francs.

Cependant si l'on admet que deux couches de peinture équivalent à peu près à trois couches de blanc de zinc, on remarquera que ce fait élèvera déjà, et comme main-d'œuvre et comme matière première, le prix d'une peinture au blanc de zinc.

On pourrait alléguer qu'une couche de peinture au blanc de zinc contient, ainsi que nous l'avons déjà fait remarquer, un poids d'oxyde de zinc plus faible que la quantité de céruse contenue dans une couche de peinture au blanc de plomb de même surface. Mais il est aussi vrai de dire que s'il faut pour une couche donnée moins de blanc de zinc, il faut davantage d'huile, huile dont le prix n'est certes pas négligeable.

Mais là n'est pas le point le plus intéressant de la question. Voici un autre point de vue qui mérite certainement quelque attention.

Actuellement, le plomb vaut, dans le commerce, environ 55 fr. les

100 kilogs. Il est bon de remarquer que le plomb a subi des hausses considérables depuis quelques années, hausses qui ne sont peut-être pas en rapport avec l'augmentation de sa consommation : il valait en 1896, 22 francs ; en 1898, 39 francs ; en 1900, 47 francs ; etc.

Cette hausse paraît déjà quelque peu artificielle. Ce qui le paraît davantage, c'est le prix actuel du blanc de zinc. Le zinc a toujours eu un prix bien plus élevé que le plomb. Il vaut actuellement 85 francs les 100 kilogs.

Lorsque le plomb est transformé en céruse, il subit théoriquement du fait de l'oxydation et de la carbonatation une augmentation de poids de 40 p. 100 : 100 kilogs de céruse contiennent donc environ 73 kilogs de plomb ce qui représente au maximum une valeur de 40 francs. De 40 francs pour aller à 55 ou 58 fr. prix de la céruse, on conviendra qu'il existe un écart suffisant pour qu'on y puisse trouver les frais de fabrication et les bénéfices raisonnables.

Mais si l'on considère que lorsque le zinc se transforme en oxyde de zinc, l'augmentation de poids n'est que de 25 p. 100 et que dans 100 kilogs d'oxyde de zinc pur il rentre 80 kilogs de zinc représentant une valeur de 68 francs, on est bien en droit de trouver un peu paradoxal le prix auquel est actuellement livré l'oxyde de zinc, étant donné que les frais de fabrication sont non pas même égaux dans les deux cas mais plutôt supérieurs dans le cas du blanc de zinc.

Deux cas se présentent :

Ou les fabricants de couleurs à base de zinc vendent sous le nom de blanc de zinc ou mieux sous des noms divers (*marmor*, *lithozine*, *zingoline*, *céruse nouvelle*), des produits qui contiennent du blanc de zinc mélangé à une grande proportion d'autres produits moins chers : sulfate de baryte, céruse même ; — c'est là le cas le plus fréquent, nous l'avons déjà dit ;

Ou les fabricants de blanc de zinc, pour lutter contre la céruse, font de grands sacrifices et se résolvent à fabriquer momentanément du blanc de zinc sans bénéfices ou même avec pertes.

Bien qu'invraisemblable ce dernier fait n'en est pas moins réel :

Voici comment s'exprime à ce sujet un de nos fabricants de céruse et de blanc de zinc français les plus en vue (1) :

(1) M. Expert-Besançon,

« Le blanc de zinc, dit-il, se vend actuellement sans bénéfice pour tout fabricant *qui ne possède pas de mines de zinc.*

« Plusieurs industriels après avoir monté des usines à blanc de zinc ont dû depuis quatre ans renoncer à cette industrie.

« Une société pourtant assez puissante traitant les minerais de plomb et de zinc qui depuis une dizaine d'années fabriquait du blanc de zinc, y a définitivement renoncé en 1904.

« La lutte pour la production et la vente de l'oxyde de zinc en France laisse tout particulièrement en vue deux concurrents :

« L'un, société excessivement riche et puissante dont la marque avait conquis le marché depuis cinquante ans qui, avec une douzaine d'établissements miniers et métallurgiques en tous pays, chiffre des bénéfices annuels de six à huit millions, juge bon de sacrifier actuellement la part petite pour elle que l'oxyde de zinc apporterait à ce bénéfice.

« On peut supposer que cette société voit un intérêt à maintenir en ce moment le blanc de zinc à un prix sacrifié et à laisser croire. que cette situation durera.

« On ne peut douter qu'elle trouve intérêt à décourager les concurrents qui voudraient naître, se développer et entraver le monopole qu'elle demandait déjà à l'État en 1852, et qu'elle espère voir se réaliser aujourd'hui.

« L'autre concurrent, maison jouissant d'un certain renom dans la clientèle des couleurs, plus persévérante que d'autres, peut-être mieux outillée, a pu en trois ans d'efforts créer une marque pour le blanc de zinc et ne veut pas renoncer à la lutte malgré la puissance disproportionnée de son concurrent.

« En un mot le produit est relativement à vil prix et les quelques autres producteurs placent dans une clientèle spéciale ou locale, des quantités restreintes et tâchent de tourner leur activité vers d'autres branches commerciales. »

La morale de tout cela c'est que, qu'on le veuille ou non, et toute question de sentimentalité mise de côté, on est bien forcé de reconnaître que la campagne menée présentement contre la céruse paraît singulièrement se confondre avec une question d'ordre commercial et financier. Il s'agit bien là en réalité d'une question d'ordre économique.

Quoi qu'il en soit, il parait bien certain que le jour où l'emploi de la céruse sera complètement interdit, le blanc de zinc dont le prix est déjà plus élevé que la céruse augmentera de plus en plus.

En tout cas, la peinture au blanc de zinc — et méritant vraiment ce nom — reviendra toujours plus cher que la peinture à la céruse. Et cela est bien naturel. C'est même de toute évidence !

Et de tous les inconvénients que présentera l'emploi exclusif du blanc de zinc dans la peinture, celui-ci ne sera certainement pas le moindre.

En somme, si nous voulons résumer la comparaison à établir entre la peinture à la céruse et la peinture au blanc de zinc nous dirons :

Que la peinture au blanc de zinc a sur la première les avantages suivants : inaltérabilité sous l'action des émanations sulfhydriques et innocuité ;

Qu'au point de vue pouvoir couvrant et résistance à l'intérieur des appartements, on peut admettre qu'il y a équivalence entre les deux peintures ;

Mais que la peinture au blanc de zinc présente les inconvénients suivants :

Préparation et technique de la peinture rendue un peu plus délicate ; résistance plus faible aux agents atmosphériques ; cherté plus grande.

Nous allons passer maintenant à l'examen des règlementations et de la législation qui ont eu pour objet la céruse en même temps que nous présenterons les conclusions de cette étude, après avoir toutefois exposé les résultats d'enquêtes diverses faites sur cette question.

LÉGISLATION ET RÈGLEMENTATIONS

Historique. — La règlementation des fabriques de céruse. — Le décret de 1902. — Le projet de loi de 1903.

Les dangers du plomb et de ses composés ont, à juste titre, préoccupé depuis déjà longtemps les pouvoirs publics.

Dès que le peintre Jean Leclaire réussit à faire entrer dans le domaine pratique la peinture au blanc de zinc, nous voyons des arrêtés ministériels intervenir en sa faveur.

En 1849, c'est le ministre des Travaux publics Vivien qui arrête qu'à l'avenir la peinture au blanc de zinc sera exclusivement employée dans les travaux dépendant de son ministère.

En 1850, les architectes de la ville de Paris sont « invités » à l'adoption du blanc de zinc dans leurs travaux.

En 1852, même invitation est faite par le ministre de l'Intérieur aux préfets, aux maires, pour les bâtiments départementaux ou communaux.

Pourquoi cette première campagne contre la céruse qui commençait sous de si heureux auspices a-t-elle échoué définitivement? Pourquoi pendant plus de trente années n'entend-on plus parler du blanc de zinc, et pourquoi la céruse continua-t-elle à être employée ?

Le rapport du chimiste Stass sur l'exposition de 1855 vient répondre à cette question (1).

On a accusé souvent de ce fait le mauvais vouloir des ouvriers et entrepreneurs. C'est plutôt, croyons-nous, le produit lui-même qu'il faudrait accuser, ainsi que nous l'avons dit.

Cependant, en 1877, on a à enregistrer de nouveaux méfaits de la céruse. Un boulanger ayant chauffé son four avec du bois qui avait été

____

(1) Voir précédemment.

peint à la céruse, le pain obtenu donna lieu à des cas d'empoisonnement.

Ce fait semble avoir été le point de départ de la nouvelle campagne contre la céruse.

En 1881, à la suite d'un rapport de M. Armand Gauthier sur les dangers de la fabrication de la céruse telle qu'elle se pratiquait alors, c'est cette fabrication qui est réglementée.

Cette réglementation a eu pour effet, comme nous l'avons déjà vu, de diminuer dans de très grandes proportions les cas de saturnisme chez les cérusiers.

Plus tard, et à la suite de nombreux rapports faits par des commissions d'hygiène, c'est en 1902, l'emploi de la céruse qui est réglementé. Par un décret rendu le 18 juillet 1902 par le ministre du Commerce, on oblige les entrepreneurs à faire observer à leur personnel certaines précautions de propreté indispensables, à fournir à leurs ouvriers des blouses uniquement affectées au travail, à mettre à leur disposition des lavabos, etc...; certaines opérations, le grattage et le ponçage à sec sont interdites.

Un syndicat se crée à Paris sous le nom de Fédération nationale des ouvriers peintres et agit vivement sur les pouvoirs publics pour obtenir des lois prohibitives contre la céruse.

Certains journaux de la grande presse quotidienne, des hygiénistes éminents prennent part à cette campagne.

Signalons, à Paris, la conférence du professeur Laborde en 1901, la conférence du professeur Layet à Bordeaux, les conférences Brémond, Brouardel, Clémenceau, etc.

C'est sous ces influences que les différents ministères, par des circulaires successives, interdirent dans leurs départements respectifs l'emploi de la céruse dans les travaux publics de peinture.

Enfin, en 1903, sur la proposition du ministre du Commerce M. Trouillot, et à la suite du rapport de M. J. Breton, le projet de loi suivant est voté par la Chambre des Députés :

Le projet de loi voté par la Chambre des Députés

Article premier. — Dans les ateliers, chantiers, bâtiments en construction ou en réparation, et généralement dans tout lieu de travail où s'exécutent des travaux de peinture en bâtiment, les chefs d'industrie ou gérants sont tenus, indépendamment des mesures prescrites en vertu de la loi du 12 juin 1893 sur l'hygiène et la sécurité des travailleurs, de se conformer aux prescriptions suivantes :

ART. 2. — Dans un délai d'un an, à partir de la promulgation de la présente loi, l'emploi de la céruse et de l'huile de lin lithargirée sera interdit dans tous les travaux d'impression, de rebouchage et d'enduisage.

ART. 3. — Dans un délai de trois ans, à partir de la même date, l'interdiction édictée par l'article précédent s'étendra à tous les travaux de peinture de quelque nature que ce soit, exécutés à l'intérieur des bâtiments.

L'interdiction totale ou partielle des autres produits à base de plomb, employés dans la peinture au bâtiment, pourra être également prononcée par un règlement d'administration publique, rendu dans les mêmes conditions.

ART. 4. — L'autorisation d'employer la céruse ou d'autres produits à base de plomb pourra, par dérogation aux dispositions qui précèdent, être accordée exceptionnellement par le Ministre du Commerce après avis du Comité consultatif des arts et manufactures et de la Commission d'Hygiène, pour chaque cas particulier.

Le projet de loi au Sénat

Ce projet de loi a été de 1903 en 1906 entre les mains de la Commission d'enquête nommée par le Sénat.

Le premier rapporteur de cette Commission, M. A. Treille, après avoir réuni de nombreux documents et de nombreuses statistiques, montre que « la mortalité saturnine pour les peintres en bâtiment serait annuellement aux hôpitaux, tout compte largement fait, et en admettant que le minium ou les autres produits de plomb employés dans la peinture, non plus que l'alcoolisme, ne dussent être comptés pour rien, d'une dizaine de décès environ pour toute la France, soit un décès par 7 ou 8.000 peintres » ;

Que sur les 174 peintres pensionnaires des hospices de France,

27 seulement présentent des infirmités considérées comme d'origine professionnelle ;

Que les pays où l'on consomme le plus d'alcool sont aussi ceux où l'on compte le plus grand nombre d'affections saturnines.

Etant donné, ajoute-t-il, qu'aucune nation étrangère n'a l'intention d'interdire, même partiellement, la céruse ; mais que ces pays ont pu réglementer l'emploi du plomb et de ses composés ;

Que de nouvelles enquêtes doivent être faites dans les hôpitaux sur les intoxications saturnines et que des expériences s'imposent à nouveau relativement à la résistance comparative des peintures à base de plomb et de zinc et à leurs prix de revient ;

Considérant enfin que les intoxications saturnines sont considérées comme des maladies professionnelles et donnent droit aux allocations prévues par le nouveau projet de loi sur les maladies professionnelles ;

Et s'inspirant, ajoute-t-il encore, de l'avis des vrais professionnels, il pense qu'il serait préférable, en empruntant aux réglementations étrangères, et notamment à celle de l'Allemagne, ce qu'elles contiennent de pratique et d'utile, d'arriver par une modification du décret de 1902 à une réglementation parfaite non seulement de la céruse, mais de tous les composés du plomb dans les travaux de la peinture en bâtiment.

Ce rejet, par la première Commission du Sénat (1) du projet de loi voté par la Chambre des Députés, a pu surprendre quelques esprits, attendu que le projet de loi en question, bien qu'à tendance prohibitive, n'était pas, comme on dit, un projet « draconien ».

Il convient cependant de dire ici que la conclusion adoptée par cette commission paraît surtout avoir été motivée par la vaste pétition organisée par les chambres syndicales d'entrepreneurs de Bordeaux et de Dijon comme protestation au décret de juillet 1902 et au projet de loi déposé trois mois après par le gouvernement.

(1) Nous parlons plus loin du dernier vote émis par le Sénat.

ENQUÊTE DES CHAMBRES SYNDICALES

Pétitions. — Les opinions des intéressés.

Cette vaste pétition contient un total de 6.750 signatures de peintres professionnels, patrons ou ouvriers de toute la France.

Sur ce nombre, cinq entrepreneurs et dix ouvriers seulement se déclarent partisans du projet de loi.

Quant au nombre d'ouvriers peintres déclarant avoir souffert d'accidents dus au saturnisme, coliques ou autres, il est de 136 seulement sur 6.188 ouvriers.

Toutes ces pétitions sont accompagnées de commentaires parfois des plus intéressants.

En voici quelques-uns. Commençons par ceux qui sont favorables au projet de loi. Ils ne sont pas nombreux. En voici un ; il émane de M. Personne, entrepreneur de peinture à Auxonne (Côte-d'Or) :

Le décret en question n'attaque en aucune façon les intérêts du peintre et je comprends mal une protestation non motivée. Je ne trouve aucune raison sérieuse, et votre circulaire n'en contient pas davantage. Il nous est fourni des blancs, à base de zinc, pas plus chers que la céruse, moins dangereux, ne noircissant pas et d'un emploi aussi facile. Si leur durée est moindre, ce qui n'est pas prouvé, nos intérêts ne seraient pas en cause en ce cas. Les ouvriers que j'emploie, ne s'occupant dans tout cela que de la question d'hygiène, voient avec plaisir la suppression d'un produit dangereux. Il ne reste guère que les intérêts des fabricants que je n'ai pas l'intention de défendre.

On aimerait voir beaucoup de commentaires faits dans cet esprit. Malheureusement celui-ci est à peu près le seul.

Les autres abondent. On n'a que l'embarras du choix : ils sont des milliers. En voici quelques-uns pris au hasard :

— M. Châtellier aîné, entrepreneur à Nantes (Loire-Inférieure) fait remarquer que les peintres n'emploient jamais la peinture sans outils, tandis que les métallurgistes, pour calfeutrer les boulons, etc. emploient la céruse en pâte et en ont les mains pleines. Il ajoute : « Ce qui est mauvais pour un peintre est bon pour un chaudronnier. Mystère. »

— M. Poulliard, entrepreneur à Mâcon, formule aussi son appréciation : « Les caractères à l'antimoine des imprimeurs, le phosphore des fabricants d'allumettes, le manque de prévoyance des compagnies minières envers leurs ouvriers, sont plus dangereux que l'emploi des couleurs à base de plomb, et pour ma part, il y a quarante années que je fais de la peinture, sans jamais avoir eu la moindre maladie. J'ai même couché dix années au milieu de mes produits. La suppression de la céruse serait une cause de ruine pour notre profession. »

— M. Riolet, entrepreneur ouvrier à Dampnart (Seine-et-Marne) après avoir dit que « les accidents ne peuvent arriver qu'aux ouvriers malpropres qui sont congédiés par tous les entrepreneurs à cause de leur manque de soins » ajoute : « S'il fallait empêcher tous les métiers dangereux, pas un ne trouverait grâce. »

— M. Louis Muller, entrepreneur ouvrier à Samoens (Haute-Savoie) âgé de soixante ans et ayant quarante-deux ans d'exercice de la profession déclare d'abord qu'il n'a jamais été malade non plus que les ouvriers qui travaillaient avec lui. Il ajoute : « Si le gouvernement désire rendre service à la santé de l'ouvrier, qu'il interdise l'absinthe et la cigarette. »

— M. Cadoret, entrepreneur ouvrier à Sennecey-le-Grand (Saône-et-Loire) après s'être élevé contre le décret de 1902, reconnaît qu'il aurait pu rendre des services il y a quarante ou cinquante ans, au temps où l'on pilait et tamisait la pierre de céruse.

— M. Guitonneau, entrepreneur à Montigny (Seine-et-Marne) travaille lui-même depuis trente-cinq ans et n'a jamais eu de coliques de plomb. Il a toujours pris de grands soins de propreté, ne fumant pas en travaillant. Il demande la *suppression non de la céruse mais de l'absinthe*.

— M. Gaulard, entrepreneur à Saint-Germain-en-Laye (Seine-et-Oise) constate que la *réglementation de la céruse n'a pas été interprétée par des personnes compétentes*. Et il ajoute: Que fera-t-on du minium qui, lui, est en poudre et plus dangereux ?

— M. Chartier, entrepreneur ouvrier à Versailles (Seine-et-Oise) après avoir déclaré que jamais le blanc de zinc ne remplacera le blanc de céruse dit que son père a été quarante-et-un ans peintre à Versailles et qu'ils sont quatre frères âgés de 38, 35, 32, 30 ans n'ayant jamais été malades.

— M. Machre, entrepreneur ouvrier à Ganaches (Somme) est âgé de quarante-trois ans et a trente ans d'exercice de la profession. Il n'a jamais été malade ni aucun de ses ouvriers: « Au lieu de supprimer la céruse, dit-il, supprimez l'absinthe, voilà le vrai poison. Il n'y a de vrai pour la peinture que la céruse.

— M. Ducasse, fabricant de poterie à Rion-des-Landes, ayant vu dans un journal un article où l'on appelle la céruse le vrai « poison des peintres », demande que le métier de fabricant de poterie soit envisagé au même point de vue en ce qui concerne le minium qui est bien le « tombeau des potiers. »

Ne pourrait-t-on, ajoute-t-il, trouver un produit inoffensif « aussi fondant à la cuisson des marchandises, impalpable, et donnant un brillant aux articles de poterie. »

— M. J. Lebon, peintre décorateur à Avesnes (Nord) : « Elle est stupide cette loi qui prétend sauver d'un empoisonnement imaginaire nos ouvriers qui emploient un produit contenant du plomb alors qu'on trouve tout naturel de laisser la liberté de couvrir de plomb en feuilles nos toits... A-t-on songé à ce que contient de plomb l'eau qui y passe ?... Et l'eau qui séjourne dans les réservoirs peints au minium ?...

« Il n'est pas inutile non plus de faire remarquer combien cette loi est préjudiciable à l'industrie nationale au bénéfice de l'Allemagne. Les statistiques des douanes pourront renseigner sur les millions de kilogrammes de lithopone que l'Allemagne nous envoie. »

— M. Rogier-Tasséel, peintre-décorateur à Mons-en-Barœul (Nord) : « A commencé son apprentissage à seize ans, chez son père, maître peintre, et n'a jamais fait que de la peinture. A maintenant cinquante ans, a travaillé tous les jours et n'a jamais été malade. Il n'a jamais eu un ouvrier malade dans son atelier, non plus que dans son entreprise de peinture du chemin de fer du Nord, pendant près de dix ans.

Il a entrepris pendant dix-sept ans des travaux de peinture des sémaphores, phares, balises, garde-fous, etc.

Il peut *affirmer qu'à l'extérieur le blanc de céruse est plus durable et couvre mieux que le blanc de zinc qui s'écaille au bout d'un certain temps.*

— M. E. Marque, entrepreneur de peinture à Etampes (Seine-et-Oise) : « Le plus beau décret que l'on pourrait voter ce serait d'enrayer si c'était possible les *apéritifs avant les repas.* Dans ces conditions il n'y aurait rien à redouter de la maladie causée par la céruse. »

— M. F. Mitouard, entrepreneur de peinture à La Gacilly (Morbihan) : « Je me joins à tous les entrepreneurs de peinture pour protester contre cette loi stupide, car pourquoi mettre à l'index la céruse plutôt que tous les autres produits similaires que nous employons et qui ont les mêmes dangers d'emploi, si danger il y a ? Car j'ai quarante-huit ans : j'ai peut-être broyé étant apprenti, 2 à 3000 kilos de céruse que j'ai tamisés, comme celà se faisait autrefois, et je n'ai eu que deux fois des coliques de peinture... et encore, au bout de dix-sept années de travail, les attribue-t-il au *collage des papiers peints.* »

— MM. Nicolas frères, entrepreneurs, à Morlaix (Finistère), (16 ouvriers de quinze à soixante-seize ans. — Accident, néant) : « Les 15 ouvriers ne trouvent aucun inconvénient à se servir de la céruse et n'ont jamais éprouvé le moindre malaise de son emploi. Notre maison étant l'une des plus anciennes du pays, nous pouvons affirmer que le blanc de zinc ne peut remplacer le blanc de céruse sur nos côtes. Nous en avons fait plusieurs fois l'expérience et nous pouvons prouver que le *blanc de zinc ne peut résister au bord de la mer*. Nous avons déjà fait à ce sujet un rapport à l'administraton des Ponts-et-Chaussées. Jamais aucun de nos ouvriers n'a été indisposé, n'ayant pas attendu le décret de juillet 1902 pour leur faire prendre les soins de propreté indispensable.

— **M.** Mantelin, entrepreneur à Patais (Loiret), (1 ouvrier, accident, néant): — « Le blanc de zinc étant une matière sans consistance exige quantité de couches pour obtenir 3 couches de céruse. » N'a aucune valeur pour les peintures extérieures ainsi que pour les mélanges de toute autre teinte. *Défie de trouver 1 p. 100 d'ouvriers contaminés.*

— M. Petitteville, entrepreneur à Rouen (S.-I.), 2 ouvriers, — « Depuis deux ans, a travaillé avec le blanc de zinc et a constaté que cette nouvelle peinture n'avait pas le même corps, la même propriété, ni la même durée que la céruse et qu'elle ne pourrait la remplacer pour les travaux extérieurs ni même pour les ferrures d'intérieur exposées à la buée ou au brouillard. « C'est d'autant plus regrettable que la céruse coûte plus cher que ce nouveau produit (!).... »

— Sainte-Adresse (Loire-Inférieure), Lesseigneur, entrepreneur, 4 ouvriers. — Accident : 1 ouvrier âgé de trente-six ans, déclare avoir été malade une fois en 1898 pendant quinze jours. — « Tout en reconnaissant les qualités multiples du blanc de zinc seul produit à mon dire pouvant avantageusement remplacer la céruse, l'emploi de ce dernier produit est indispensable dans les travaux préparatoires pour mener à bien un travail de peinture, aucun autre produit n'ayant obtenu les qualités demandées à la céruse. »

— M. Blain, entrepreneur à Marines (Seine-et-Oise), (2 ouvriers. Accident, néant). — « A fait plusieurs essais avec le blanc de zinc et produits similaires ; sous beaucoup de rapports, il sera très difficile et pour ainsi dire impossible de faire des peintures à une seule couche et couvrir sous d'anciens fonds. La céruse seule remplit les conditions voulues.

— M. Leducq, entrepreneur à Bertrancourt (Somme), (2 ouvriers. Accidents, néant). — « Que les savants nous trouvent un produit qui puisse remplacer la céruse et autres produits à base de plomb. S'ils y arrivent, tous les peintres l'adopteront en masse. Aucun produit jusqu'ici n'a pu remplacer la céruse.

— M. J. Téduc, entrepreneur à Montauban (Tarn-et-Garonne) n'a jamais, depuis quarante-quatre ans qu'il exerce, entendu aucun ouvrier se plaindre de la céruse. Aussi, est-ce plutôt, suivant lui, *une question de lutte commerciale que d'hygiène.*

— M. Plas, entrepreneur à Limoges (Haute-Vienne) dirige une maison existant depuis cinquante ans sans qu'aucun ouvrier y ait été victime de l'emploi de la céruse ou d'autres composés du plomb. « Je trouve, dit-il, absolument inutile l'interdiction de l'emploi de la céruse que je reçois toujours broyée à l'huile, alors qu'aucune mesure n'est prise contre l'emploi du minium que je reçois toujours en poudre ».

— M. L. Champey, entrepreneur ouvrier, à Charonnais (Isère), âgé de quarante-trois ans, a broyé la céruse pendant ses dix premières années de métier et n'en a jamais été malade.

— M. F. Plotz, entrepreneur à Jarnac, déclare : « Je suis à la cinquième génération d'ouvriers peintres et jamais il n'y a eu de maladies provenant de l'exercice du métier dans ma famille.

Cette observation ainsi que des centaines d'autres du même genre, répond à l'accusation souvent portée contre la céruse qu'elle atteint le peintre dans sa descendance.

En voici encore une autre ayant la même portée :

Déclaration de M. E. Miellot, entrepreneur à Dieppe : « Depuis 1796, date de la fondation de notre maison de père en fils, tous professionnels ayant employé la céruse en pâte à la main et fait des ponçages à sec pendant de nombreuses années, je me fais un devoir, moi, arrière petit-fils, de déclarer que nul de nous n'a été incommodé par l'emploi de la céruse qui est la base indispensable de notre métier.

Voici encore quelques commentaires particulièrement suggestifs sur les mobiles de la campagne contre la céruse :

— M. G. Précastel, entrepreneur ouvrier à Réthel (Ardennes), âgé de quarante-quatre ans, ayant vingt-neuf ans d'exercice de la profession et n'ayant jamais éprouvé d'accident, fait remarquer spécialement qu'il est patron, travaillant par lui-même journellement. Il proteste contre la réglementation qui lui semble n'avoir qu'un but : *vendre le blanc de zinc le prix que bon semblera.*

— M. Bru, entrepreneur à Espallion (Aveyron) dit : *il y a guerre entre le plomb et le zinc, donc manœuvres de capitalistes.*

— M. Warnier, entrepreneur ouvrier à Courseulles-sur-Mer (Calvados), estime que l'intérêt seul, et non les dangers courus par les ouvriers a provoqué le mouvement contre la céruse.

— M. E. Jacquin, entrepreneur à Dijon (Côte-d'Or), croit *à une campagne plutôt financière que philanthropique* — a été contremaître depuis 1867 à Paris et à l'étranger ; intéressé et patron à Dijon depuis 1883, n'a vu qu'un cas de saturnisme à Paris, et l'ouvrier malade était alcoolique et malpropre.

Dans sa maison dont la fondation remonte à quatre-vingts ans, on n'a jamais eu connaissance de maladies dues à la céruse quoique la moyenne d'ouvriers fût de vingt-cinq, et que l'on y broyât la céruse, il y a environ dix-huit ans.

— M. F. Milouard père, entrepreneur à la Gacilly (Morbihan) s'exprime en ces termes : *Je suis absolument persuadé que c'est l'intérêt de quelques spéculateurs qui nous produit tous ces ennuis.*

— M. H. Marsac, entrepreneur de peinture à Saint-Nazaire : « Il y a, dit-il, des officines autrement dangereuses que l'on serait en droit de surveiller et de réglementer sévèrement, officines qui empoisonnent non pas certaines corporations, mais tout le monde en général. Je veux parler des marchands de vins en gros et en détail, et de tous les débitants d'alcool sans exception. Mais pour ceux-là on ferme les yeux ! » Selon lui, la campagne contre la céruse est *« un trust au profit du blanc de zinc ».* « Pour ma part, ajoute-t-il, j'ai quarante-et-un ans de métier, c'est-à-dire que voilà autant d'années que j'emploie la céruse et je n'ai jamais été malade ». Aucun des « compagnons » qu'il a employés depuis quinze années ne s'est plaint.

— M. Héry Tarterot, entrepreneur ouvrier au Quesnoy (Nord), âgé de soixante-neuf ans, avec cinquante-huit ans d'exercice de la profession : « Mon appréciation est bien celle-ci : *que c'est un monopole* que certain groupe veut s'adjuger. Les craintes de la céruse ne sont qu'un prétexte (l'*oxyde de zinc n'est pas plus sucré que celui de plomb)* ».

M. Delepoulle, entrepreneur de peinture et vitrerie à Lille (Nord) est plus violent: « Il est nécessaire dit-il que nous nous élevions avec vigueur contre cette atteinte à notre indépendance commerciale et ces excès ridicules de soins et d'attentions hypocrites qui, sous couvert d'humanité et de philanthropie *servent des intérêts commerciaux d'une part,* et de l'autre, *des situations d'arrivistes politiques.* »

A côté de ces protestations, il faut joindre celles des chambres syndicales de Bordeaux, d'Orléans, de Paris, de Dijon, du Hâvre, de Belfort, de Tourcoing, Limoges, Boulogne, Auxerre, Nantes, Blois, Bourges, Nancy, Vichy, Châlons-sur-Marne, Moulins, Lyon, etc., etc... (il y en a 44).

Voici quelques-unes de ces protestations collectives :

— Chambre syndicale des couleurs et vernis de Paris : « Aujourd'hui donc la question de la céruse se trouve entre les mains des législateurs.

« Ils voudront s'entourer scrupuleusement de toutes les enquêtes possibles et agir avec la plus grande circonspection.

« Ils envisageront que cette question n'est qu'un chapitre dans la question des poisons industriels et qu'il sied de commencer les réglementations, s'il y a lieu d'en faire, par les produits les plus dangereux.

« Ce serait sortir de la plus élémentaire logique que de les réglementer sans aucune méthode et dans n'importe quel ordre.

« Il voudront consulter tous les intéressés, patrons et ouvriers, afin de peser avec indépendance et avec justice si les dangers de l'emploi de la céruse légitiment le vote d'un projet de loi portant en réalité la mort à une industrie française ».

— Les entrepreneurs de peinture de Besançon au nombre de dix-huit, et à l'unanimité, se joignent à tous leurs confrères de la France entière pour protester de la manière la plus vive contre les lois ou décrets restreignant la liberté d'exercer leur industrie comme ils l'entendent. Ils manifestent, en outre, leur étonnement de voir que la protection forcée qu'on veut donner à la santé de leurs ouvriers qui dans une proportion de plus de 95 p. 100 n'en ont pas besoin et peuvent s'en passer, ne s'étend pas aux ouvriers plombiers, compositeurs typographes ou autres métiers s'occupant de la manipulation de tuyaux de plomb, caractères d'imprimerie et dérivés du plomb sous toutes ses formes qui, de ce fait, courent certainement plus de risques d'intoxication saturnine que les ouvriers peintres.

— Chambre syndicale de Coulommiers. Après consultation prise auprès de tous les peintres sans exception, occupés dans la ville et la région de Coulommiers, la plupart de ces ouvriers exerçant depuis 19, 30, 37 et même 54 ans cette profession, il a été constaté qu'aucune maladie n'a été causée par la céruse, ainsi qu'en fait foi la déclaration écrite et signée de tous les ouvriers en date du 10 novembre 1902.

— Les peintres de Tarbes, à défaut du syndicat organisé dans les Hautes-Pyrénées, ont consulté individuellement les peintres de la localité. La plupart, ayant employé la céruse près d'un demi-siècle, n'en ont jamais été incommodés et ayant conservé leur bonne humeur gasconne ont ainsi baptisé le décret de 1902 : « la gaffe hygiénique la plus inutile du siècle ». Nous croyons, disent-ils, qu'il est employé dans notre métier beaucoup de produits plus dangereux que la céruse, et nous savons que d'autres catégories d'ouvriers sont plus exposées que nous ». Parmi les signataires il s'en trouve un âgé de soixante-dix ans et un de soixante-dix-sept ans.

Terminons par quelques appréciations intéressant notre région lyonnaise :

Bellegarde-sur-Valserine (Ain). Sylvain Machetto, entrepreneur, un ouvrier, accident, néant. — Observation de l'ouvrier : se tenir les mains propres lorsqu'on fait les peintures surtout avant les repas, ainsi on peut ravailler toute sa vie sans être malade. — Appréciation de l'entrepreneur : on ne peut faire de peinture sans céruse et il ne tient qu'aux ouvriers de ne pas être malades.

— Meximieux (Ain). Jules Gauthier, entrepreneur, deux ouvriers ; ses deux fils, de vingt-trois à vingt-sept ans. — Ses deux fils travaillent depuis l'âge de douze ans et n'ont jamais eu de coliques de plomb. Par contre leur père âgé de cinquante-sept ans, déclare en être atteint depuis l'âge de vingt ans, mais de son temps on recevait la céruse en poudre. D'ailleurs, il n'est atteint que depuis qu'il a fait le tamisage des peintures en poudre nécessaires pour la peinture en voitures.

— Dijon (Côte-d'Or). Balisare, entrepreneur, deux ouvriers ; accidents : néant.— Depuis vingt-six ans qu'il exerce, n'a qu'à se louer de l'emploi de la céruse qui n'offre aucun danger, il n'en est pas de même du blanc de zinc. Les ouvriers malades ne doivent leur état qu'à l'alcool.

— Valence (Drôme). Louis Lamotte, entrepreneur ; cinq ouvriers ; accident, néant. — Appréciation : l'emploi de la céruse broyée à l'huile en pâte n'a pas des conséquences assez dangereuses pour avoir nécessité une règlementation. Les verts à base de plomb, les vermillons et le minium, qui ne sont livrés qu'en poudre à l'entrepreneur sont bien plus dangereux.

— La Tour-du-Pin (Isère). Gros, entrepreneur : cinq ouvriers ; accident : néant. — N'a jamais eu à constater depuis qu'il exerce, un seul cas de maladie provoquée par l'emploi des produits à base de plomb. Le projet de loi ne peut être que préjudiciable à tous les travailleurs de la corporation.

— Rive-de-Gier (Loire). Merle, entrepreneur ; trois ouvriers. — Accident néant.— Depuis quarante-six ans que mon père est peintre, il n'a jamais eu aucune indisposition ; moi-même, depuis vingt ans, seul je tamise et prépare toutes les peintures dans mon atelier et je ne sais pas encore ce que l'on appelle coliques de peintre. Le seul préservatif est la propreté, principalement des mains, et ne pas trop aspirer la poussière du ponçage et du tamisage.

— Roanne (Loire). Chassignol, entrepreneur ; cinq ouvriers — accident : néant. — « Si l'on supprime les produits à base de plomb, les travaux de peinture ne sont plus possibles ».

— M. Trotta, entrepreneur, trois ouvriers, à Saint-Bonnet-le-Château (Loire) déclare avoir été malade en 1868 par l'emploi de la céruse en poudre ou vernis à l'esprit (il est âgé de cinquante-neuf ans et a quarante-huit ans d'exercice de la profession). Il proteste contre le décret.

— M. Tisseur, entrepreneur de plâtrerie et de peinture à l'Ile-Barbe (Rhône) proteste contre le décret comme « il a protesté lors de l'enquête faite par MM. les maires et par ordre en disant que tout ceci se réduisait à une *question de boutique et de gros sous* et que la santé des peintres (pourquoi la leur seulement) était le dernier souci des véritables instigateurs de ces décrets. »

— Saint-Chamond (Loire), M. Paini, entrepreneur, 3 ouvriers, accident : néant. « Impossible de remplacer la céruse par un autre produit pour un travail bien fait et surtout solide. Sa suppression serait d'un grand préjudice pour le métier de peintre.

— Châlon-sur-Saône (Saône-et-Loire), M. Ducrot, entrepreneur, 7 ouvriers « occupe des peintres depuis vingt-cinq ans et n'en a jamais entendu un se plaindre que l'emploi de la céruse l'ait indisposé. »

— Thizy (Rhône), J. C. Denis entrepreneur, 5 ouvriers, accident, néant. Emploie la céruse depuis 1857, et à cette époque on ne la recevait pas en poudre, l'a tamisée et broyée, et n'a jamais eu de coliques. A son compte depuis 1867, prépare toutes les teintes employées par ses ouvriers et n'en a jamais été incommodé.

— M. Gerboz, entrepreneur, de Villefranche (Rhône), 5 ouvriers, pas d'accident. Proteste contre la suppression de la céruse laquelle broyée ne peut causer aucun préjudice à la santé.

Le dossier présenté par la chambre syndicale de Bordeaux au nom des différentes chambres syndicales françaises forme ainsi 17 gros volumes.

Il ne contient pas les pétitions émanant de Lyon et de Paris. Les chambres syndicales de ces deux villes ont été consultées directement par la commission du Sénat.

Nous avons déjà cité un extrait du rapport de la chambre syndicale de Paris. Voici la conclusion du rapport présenté par la Chambre syndicale des entrepreneurs de Lyon, rapport très intéressant et dont nous avons d'ailleurs également déjà parlé.

« Le commerce et le monde de la peinture envisageaient au début avec une certaine indifférence la proposition de suppression de l'emploi de la céruse, sur les promesses alléchantes des produits devant naturellement la remplacer avantageusement.

Aujourd'hui, après expérience faite, c'est avec une certaine inquiétude qu'il l'envisage, non à cause de son intérêt mais à cause de la perturbation que cette suppression amènera dans les relations et rapports avec les clients.

Lorsqu'un propriétaire s'apercevra qu'au bout de peu de temps les travaux de peinture qu'il aura fait exécuter sont de nature inférieure, il fera des comparaisons et accusera son entrepreneur de l'avoir trompé.

Il n'y aura pas jusqu'à l'État, lui aussi gros propriétaire, dont les ingénieurs seront bien obligés de reconnaître ce qu'ils savent certainement déjà, que pour certains travaux, la peinture à base de plomb, minium ou céruse est absolument indispensable.

Comme conclusion, l'on doit déduire de ce qui précède *que la question est mal posée, devant l'opinion*, par les journaux qui semblent en l'état prendre position pour l'un des deux produits en lutte, si ce n'est qu'ils fondent leur opinion sur certains renseignements théoriques que la pratique contredit.

Notre législation a le devoir de prémunir les existences contre le danger que comporte l'emploi de la céruse; pour cela, elle doit imposer les mesures de préservation utiles et interdire les méthodes d'emploi pernicieuses qui mettent la matière en contact avec l'épiderme, lesquelles sont toujours les causes déterminantes du saturnisme.

A notre avis, une réglementation de cette nature, bien ordonnée, doit suffire pour donner satisfaction au corps médical comme au monde du travail, sans qu'il soit nécessaire de prononcer l'interdiction d'un produit si utile à l'industrie ».

Les Enquêtes et Pétitions de la Fédération nationale des ouvriers peintres.

De même que l'enquête des entrepreneurs paraît avoir influé sur les conclusions du rapport de la première Commission du Sénat; de même, la Commission de la Chambre des Députés, négligeant l'avis des entrepreneurs et de leurs ouvriers sous prétexte que cette enquête avait été truquée et qu'elle avait été faite auprès des ouvriers sous l'action d'une pression patronale, paraît s'être laissé surtout guider par l'enquête faite dans un esprit complètement différent par la Fédération nationale des ouvriers peintres de Paris.

Cette fédération, de création récente, qui ne comptait et qui ne compte encore qu'un nombre relativement faible d'adhérents, paraît disposer néanmoins de moyens d'action considérables. Elle a cherché surtout à agir sur l'opinion publique par tous les procédés possibles. Un de ses principaux moyens d'actions a été l'affiche, l'affiche qui frappe les masses par ses dimensions, par sa magnificence, par ses suggestives reproductions photographiques !

Elle a présenté à la Commission de la Chambre des Députés, en 1903, une pétition contenant 2.111 signatures de pétitionnaires demandant « *conformément à l'avis de tous les hygiénistes, la prohibition absolue du blanc de céruse.* »

Il est nécessaire d'abord de remarquer que sur ces 2,111 pétitionnaires, 460 seulement sont ou se disent peintres, et 140 exercent des professions similaires parmi lesquels 78 enduiseurs (1).

Sur les 460 peintres, 394 appartiennent au département de la Seine ; la Fédération n'a recueilli en dehors de Paris que 66 signatures de peintres. Cela est vraiment peu pour toute la France.

En fait d'organisations corporatives ayant pris part à ces pétitions, on compte 35 syndicats ou chambres syndicales. Sur ce nombre, on n'en relève que deux de la peinture.

Une seule des pétitions est légalisée, celle qui porte en tête la délibération de la Chambre syndicale des tailleurs de pierre de la ville de Bourges. L'authenticité des autres est simplement attestée par M. Craissac, secrétaire de la Fédération.

Le nombre d'ouvriers peintres déclarant avoir été, à des époques plus ou moins éloignées, personnellement victimes d'accidents saturnins est de trente pour Paris. Sur ces trente déclarations d'accidents, dix-huit sont relatives à des coliques ou symptômes de coliques, malaises divers, étouffements, constipations, attribués à la céruse. Le rapporteur du Sénat fait remarquer que quelques-unes de ces déclarations sont « empreintes d'une exagération notoire. »

Pour les départements, quarante-trois peintres se plaignent d'avoir été victimes d'accidents ; la plupart n'ont pas spécifié la nature de ces accidents.

Ces chiffres peuvent néanmoins être considérés comme ayant quelque certitude. Ils concordent d'ailleurs avec ceux fournis par les Chambres syndicales.

La Chambre syndicale des entrepreneurs de peinture de Paris n'a réuni, pour une période moyenne de vingt ans au moins et cent-trente-neuf ateliers, que six cas de mort et vingt-trois cas d'infirmité ayant entraîné la cessation du travail. Des coliques de plomb avaient été notées dans trente maisons.

Paris, nous l'avons dit, par suite des conditions spéciales dans lesquelles se fait notamment l'enduisage paye, au saturnisme, un plus large tribut que les autres régions de la France.

Pour ce qui regarde notre ville, la pétition ne contient aucune

(1) Le rapporteur de la première Commission du Sénat fait remarquer que sur ces soixante-dix-huit signatures d'enduiseurs soixante-sept sont écrites de la même main. (M. Treille relève plusieurs fois ce fait dans ces pétitions).

signature de peintres habitant Lyon, bien que Lyon possédât déjà à ce moment-là un Syndicat adhérent à la Fédération. (1)

Il en est de même d'un grand nombre de villes de province, Marseille par exemple. Cette pétition ne peut donc pas présenter de ce fait le caractère d'une protestation corporative générale.

En revanche on peut faire remarquer plaisamment que ces listes contiennent un peu des représentants de toutes les professions, professions n'ayant souvent avec la céruse que des rapports bien lointains : avec des professeurs, des médecins, des étudiants, des avocats, des agents d'affaire, des universitaires, des journalistes ; on y trouve des bijoutiers, des coiffeurs, des garçons bouchers ; des marchands de vin, des concierges, des pasteurs protestants; on y trouve même des ménagères, des modistes, des couturières, des repasseuses, des fleuristes, sans compter des professions plus ou moins bizarres telles que : « bossard, chartiste, encoleur, quatrième sous-honneur, plongeur-sans-cheval », etc., etc.

Contre-enquête

A la suite de l'enquête des chambres syndicales, la Fédération nationale fit une contre-enquête auprès des ouvriers pétitionnaires de ces premières listes, pour essayer de relever quelques faits de pression patronale ou quelques irrégularités.

On ne peut, relever, à ce sujet, aucune accusation sérieuse. En revanche, cette contre-enquête a donné certaines réponses assez significatives, dans leur style pittoresque. Entre autres, celle-ci :

Monsieur le Délégué de la Fédération nationale des peintres à Paris.

Monsieur,

En réponse à votre lettre du 17 courant, j'ai l'honneur de vous affirmer que la pétition qui m'a été présentée l'année dernière a été signée par moi de mon plein gré et en toute indépendance, toute menace de renvoi ou d'autre chose ne pouvant guère avoir de prise sur moi.

Vous me demandez si j'ai déjà ressenti des atteintes d'empoisonnement occasionnées par la céruse.

Je vous réponds « non » et depuis près de vingt-quatre ans que je suis dans le métier, non seulement je n'ai rien ressenti que je puisse attribuer

(1) Voir plus loin.

spécialement à la céruse, mais je n'ai pas encore connu de camarade qui s'en plaigne plus que moi.

Si je suis partisan de la suppression de la céruse ?

Oui, j'en suis partisan, comme de la suppression de tout produit qui peut faire du tort à celui qui l'emploie, mais pas plus spécialement de la céruse que l'on reçoit et l'on emploie en pâte et qui à tout prendre n'est pas plus dangereuse si ce n'est moins que certaines substances telles que minium, vert, chrôme et autres que l'on emploie en poudre et que l'on respire. Supprimons tout cela, je le désire, mais quand vous me demanderez si la céruse m'a déjà incommodé, franchement et sincèrement, je vous répondrai non.

Et si ma signature à cette pétition a été donnée librement, je vous réponds oui.

Maintenant si mon patron ou quelqu'un d'autre a connaissance de ma lettre, ça, je m'en bats l'œil, je n'ai besoin et ne demande l'assentiment ni l'approbation de personne pour faire ce qui me convient.

Et cette autre émanant de Carcassonne (Aude) :

Vous m'avez fait l'honneur de me demander mon avis sur les inconvénients du blanc de céruse; pour mon compte, je dois avouer que je n'ai jamais éprouvé d'accident par le fait de la manipulation de ce produit et ma santé n'a nullement souffert du contact de cette matière. Je ne connais pas dans notre ville d'exemple d'accidents et de malaises causés par la manipulation du blanc de céruse.

— P. M., ouvrier peintre à Varenne (Allier) écrit à la Fédération le 25 octobre 1904 :

Ne croyez pas qu'on m'ait forcé à signer la pétition...

Pourquoi supprimer la céruse si l'on nous laisse le minium ?

Croyez-vous que le minium ne soit pas dangereux ? On ne nous le livre qu'en poudre. A la détrempe nous en aspirons beaucoup plus que nous n'aspirons de céruse, même au ponçage.

Sans parti-pris ni pour la céruse, ni pour le blanc de zinc, je fais usage des deux. Les propriétaires jugeront eux-mêmes et je serai de leur avis.

— M. J., peintre à Jarnac (Charente) écrit à la Fédération le 21 octobre 1904 :

J'ai signé pour la liberté de tous. La céruse ne m'a jamais rendu malade moi et bien d'autres, parce que faisant un métier échauffant, au lieu de prendre du cognac ou du rhum, je prends mon nécessaire. Et depuis bientôt mille ans, la céruse a toujours été employée. Moi, j'ai travaillé pendant vingt ans chez les autres, et aujourd'hui je suis patron et je suis l'antiquité (*sic*).

— M. R. O. de Nevers (Nièvre) écrit le 19 octobre 1904 qu'il a signé bien librement. Il connaît à Nevers une personne ayant fait de l'enduit à Paris qui est estropiée des mains. Mais pourquoi, dit-il, les enduiseurs de Paris ne font-ils pas comme lui? Au lieu de s'empâter les mains, ne feraient-ils pas mieux de le conserver sur leur couteau ? « ça irait moins vite, c'est vrai, mais ce serait moins dangereux. »

— M. Ch., du département de la M. écrit pour M. C. son beau-père.

Le camarade C. a soixante-cinq ans, voilà donc cinquante-quatre ans qu'il est dans la peinture, n'a jamais ressenti les terribles effets de la céruse. D'ailleurs, il est doué d'un excellent tempérament, mais n'a *jamais abusé ni de tabac, ni d'alcool, chose que malheureusement beaucoup d'entre nous abusent.* Cette remarque faite, il est d'avis comme moi de supprimer tous les produits qui peuvent nuire à la santé de l'ouvrier, car nous sommes avant tout humanitaires et prolétaires *(sic)*.

Quant à moi, voilà vingt ans que je suis dans le métier et je n'ai jamais ressenti aucun mal provenant de la céruse, mais je connais des camarades qui sont atteints de coliques, paralysies et autres maux produits par la céruse, malheureusement les deux tiers n'ont pas une sobriété que réclame notre métier.

(Le passage souligné l'a été par le signataire de la lettre).

— M. G., peintre à Saint-Emilion (Gironde), écrit le 17 octobre 1903 :

... Personnellement, je ne suis ni pour ni contre l'emploi de cette substance, mais je m'étonne beaucoup qu'on ait soulevé tant d'objections contre ce produit, et cela, soi-disant dans l'intérêt des peintres, car depuis vingt-cinq ans que je travaille dans cette corporation et que j'emploie la céruse toute broyée, je n'ai jamais connu aucun de mes camarades en proie aux maladies qui, *paraît-il*, sont l'apanage des manipulateurs.

... Nous employons ici la céruse et le blanc de zinc et quand nous voulons faire des travaux soignés, nous employons de préférence ce dernier, mais je ne crois pas que l'on doive pour cela supprimer totalement la céruse. Et le minium, parlons en un peu, sans compter les verts, les bleus, etc., que nous manipulons tous à l'état de poudre, ne sont-ils pas aussi sujets à caution.

Dans ce cas, si l'on devait supprimer tous les produits susceptibles de produire des désordres dans l'organisme, le métier de peintre ne serait pas possible.

— M. H. B. du département de L. écrit à la date du 17 octobre 1904 :

J'ai l'honneur de vous dire que je ne connais pas bien les avantages ni les inconvénients de ce produit, ainsi que ceux du blanc de zinc, c'est donc pour cette raison que :

1° La signature a été faite avec toute indépendance et je n'en ai pas été inspiré par la crainte d'un renvoi de chez mon patron ;

2° Je n'ai jamais connu aucune personne qui ait été atteinte de maladie occasionnée par la céruse, *si ce n'est que pour l'avoir entendu dire* ;

3° Mais puisqu'il s'agit de l'avenir, de la santé des ouvriers et que la céruse doit être un produit dangereux, je suis pour la suppression de ce produit.

— M. E. G. du département de l'A. écrit que sa signature a été donnée en toute indépendance et sans pression.

Et il ajoute :

J'ai depuis vingt-cinq ans de peinture eu occasion de voir des collègues indisposés par des coliques de plomb dont un par exemple suivi de mort bien jeune (vingt-quatre ans), mais je dois ajouter que l'absinthe avait contribué pour beaucoup dans sa santé (*sic...*)

Personnellement, je n'ai jamais ressenti la moindre douleur, mais combien de fois n'ai-je pas été en butte *avec des collègues à propos de leur saleté personnelle et même avec mes patrons pour leur outillage dégoûtant.*

Je suis partisan de la suppression de la céruse.

Reproduisons ici une déclaration recueillie à Chartres par M. Craissac, secrétaire de la Fédération :

M. B. père est un petit bricoleur qui demeure rue des Prêtres. Il estime que la céruse n'est dangereuse que pour les ivrognes et les ouvriers sales, c'est du moins le cas pour tous ceux qu'il a connus atteints de coliques ou de paralysies à Chartres où il est depuis longtemps.

Mais voici le mot de la fin. Il émane d'un ouvrier du Calvados. Il est intitulé un *mot de province*. Il est cruel pour la Fédération (1) à qui il est adressé :

« *Il est à présumer que cette vieille montagne, qui devrait plutôt s'appeler la poule aux œufs d'or (n'est-ce pas cher camarrrade ?)*

---

(1) Dans le même ordre d'idées, nous pourrions encore citer la lettre très intéressante écrite à M. le Maire de Belfort par le président de la Chambre syndicale des entrepreneurs en bâtiments de cette ville, lettre résumant l'enquête faite par cette Chambre syndicale sur la demande du maire et à la suite d'une lettre, lettre ressemblant fort à un ordre, adressée à ce dernier par le Syndicat de Paris.

La voici. Elle synthétise à elle seule toutes les protestations des peintres.

Monsieur le Maire de la Ville de Belfort,

En réponse à votre lettre du 16 mars dernier (1901), par laquelle vous avez bien voulu me demander l'avis de la Chambre syndicale des entrepreneurs sur l'emploi du blanc de céruse dans les travaux de peinture, j'ai l'honneur de vous informer que la question a été examinée par le Comité dans sa séance du 29 mars.

De renseignements confidentiels que nous avons recueillis, il résulte que le Syndicat des Peintres de Paris, dont vous m'avez transmis la demande impérative, presque une mise en demeure, *représente seulement un petit groupement ne figurant même pas à l'Annuaire des Syndicats, publié chaque année par le Ministère du Commerce. Mais il a à sa tête un homme remuant qui, avec*

*(sic) renferme autre chose que du zinc dans ses flancs pour sub-
venir aux frais d'encre et de papier et principalement de poche
du Syndicat des pauvres peintres plâtriers parisiens empoisonnés
chaque jour par ce terrible produit qu'on appelle la céruse ? »*

Enquêtes personnelles

Il résulte de tous ces faits que les peintres sont en général, et en
tout cas, en grande majorité réfractaires à la suppression de la céruse
et qu'il a fallu recourir à des subterfuges pour essayer de faire
croire que les ouvriers peintres se préoccupaient de cette question.

J'ai voulu moi-même et sans parti pris, faire, à ce sujet, une enquête
à Lyon ; je n'ai pu trouver aucun peintre patron ou ouvrier résolu-
ment partisan de la suppression de la céruse.

J'ai cependant vu, au siège du tout récent Syndicat des ouvriers

---

l'appui de médecins et d'hygiénistes, a su créer un mouvement d'opinion et
espère obtenir l'exclusion du blanc de céruse dans les travaux de peinture.

Le Comité a consulté les Entrepreneurs de peinture de la localité. MM. Liene-
mann, Franceshini, Moser, Thanner, Philippe ont fait connaître leur avis ; ils sont
unanimes à déclarer que l'emploi du blanc de céruse n'est pas dangereux lorsque
l'ouvrier sait prendre quelques élémentaires précautions.

Ces Entrepreneurs ont manipulé eux-mêmes la matière pendant de longues
années, M. Moser, 50, M. Thanner, 33, sans avoir jamais été indisposés par la
céruse.

Si parfois des commencements d'empoisonnement ont eu lieu, ils ne peuvent
être attribués qu'à l'imprudence des ouvriers qui fument la cigarette et quelquefois même mangent pendant leur travail, sans avoir pris le soin de laver
leurs mains souillées de couleurs à base de céruse ; ils absorbent ainsi le poison
à petites doses successives.

D'autre part, le blanc de céruse serait difficile à remplacer dans les travaux
de peinture : le blanc de zinc, que l'on cherche à lui substituer donne des
résultats différents et son prix de revient est plus élevé.

*Il est donc permis de croire qu'au fond la campagne actuelle contre le blanc
de céruse n'est qu'une campagne d'intérêts provoquée par des fabricants d'autres
produits.*

La prohibition du blanc de céruse devant nuire fatalement à certaines industries et jeter la perturbation parmi les Entrepreneurs de peinture, le Comité de
la Chambre syndicale est d'avis qu'il n'y a pas lieu de proscrire son emploi dans
les travaux de peinture, et conclut à son maintien.

En vous remerçiant d'avoir bien voulu nous consulter à ce sujet, je vous prie
d'agréer, Monsieur le Maire, l'assurance de nos sentiments respectueux.

Le Président,

J^b. TOURNESAC.

Dans sa lettre à M. Ch. Schneider, maire de Belfort, M. A. Craissac, demandait
« au nom du Syndicat des Peintres de Paris, et par ordre, de lui faire connaître
les mesures qu'il comptait prendre contre le poison violent qu'est la céruse
dans les travaux de peinture de son administration ».

peintres (1), adhérent à la Fédération, le secrétaire de ce Syndicat, M. Roby qui, lui, est partisan de la suppression. Il m'a présenté un jeune ouvrier peintre, venant de Saint-Etienne, ayant eu des accidents de saturnisme — il n'avait jamais travaillé à Lyon — : « C'est bien ma faute, m'a-t-il dit, si je suis atteint; car malgré les observations de mon patron, je mangeais avec des mains remplies de peinture et n'ai jamais pris aucune des précautions qu'il m'avait recommandées. » Il avait le liseré de Burton sur les gencives : c'est le seul que j'aie pu rencontrer et ce n'était pas un lyonnais. Cela ne signifie pas évidemment qu'il n'y en a pas d'autres. Loin de moi cette pensée.

Dans beaucoup de cas, les peintres saturnins sont le plus souvent des alcooliques. Il règne parmi les peintres un préjugé qui n'en est peut-être pas un : c'est que la céruse fait boire. Aussi on boit beaucoup dans ce métier, me disait un ancien peintre, qui, a-t-il ajouté,a quitté la profession pour cette raison :« Il faut trop boire,dans ce métier. »

J'ai vu plusieurs grands entrepreneurs de peinture. Aucun n'a constaté chez ses ouvriers des accidents dus au saturnisme.

Depuis quelque temps, la plupart de ces grands entrepreneurs emploient pour se soustraire au règlement de 1902, des produits exempts de plomb ou prétendus tels.

---

(1) Je dois avouer ici que j'ai eu toutes les peines du monde à me mettre en relation avec ce Syndicat qu'aucun ouvrier, parmi ceux que j'interrogeai, ne connaissait. Il a fallu l'occasion d'une grève organisée par lui, il y a quelques mois, au printemps 1906 pour me mettre enfin sur la trace de ce syndicat introuvable jusqu'alors.

Et à ce propos, j'ajouterai qu'afin de me renseigner sur ce syndicat j'avais tout d'abord demandé à M. Craissac, président de la Fédération, à Paris, si véritablement, un pareil syndicat existait à Lyon, ailleurs que sur le papier, et que dans le cas contraire, il voulût bien m'indiquer le moyen de me mettre en relation avec lui dans le but de m'éclairer sur la question que j'étudiais.

M. A. Craissac m'envoya très obligeamment afin de m'édifier sur cette question toutes les brochures de propagande contre la céruse lancées par la Fédération. Mais sur la question de ce syndicat lyonnais, il ne me répondit pas.

Quelque temps après la grève éclatait, sans cause bien apparente; elle partait de ce syndicat.

Parmi les revendications des peintres grévistes, se trouvait, à la fin, et bien timidement demandée, la prohibition de la céruse par voie législative.

C'était probablement la réponse de M. Craissac.

M. B... peintre-décorateur, qui emploie jusqu'à cent ouvriers, nous dit : « Si je n'emploie plus de céruse, c'est pour éviter la visite de l'inspecteur du travail dans mes chantiers. Mais je suis persuadé que les résultats obtenus seront moins satisfaisants, notamment au point de vue de la durée. Ce n'est pas moi qui y perds, c'est mon client. Quant au danger de la céruse, voilà mon avis : « La céruse est un poison, mais à la condition d'en manger. »

M. A.-R..., me donne les mêmes raisons : pour se soustraire à la réglementation de 1902, il n'emploie plus que des produits à base de zinc et *prétendus sans plomb* ; mais il est persuadé de leur infériorité.

« Je sais bien, nous dit M. D..., que les produits qu'on nous vend sous des noms quelconques peuvent contenir encore de la céruse : mais nous ne pouvons pas faire analyser tous nos produits. L'étiquette ne porte pas le nom de la céruse; cela suffit, nous sommes tranquilles. »

Quelques-uns continuent néanmoins à employer ouvertement la céruse : M. L... par exemple.

J'ai consulté un important fournisseur de produits colorants pour la peinture, M. R..., qui me dit : Nous n'avons pas intérêt à vendre de la céruse plutôt que du blanc de zinc. Si même à l'heure actuelle, nous continuons à vendre une quantité incomparablement plus grande de céruse que de blanc de zinc, c'est que ce produit continue à nous être demandé et qu'il est préférable pour la peinture. Mais il est vendu souvent, en mélange et sous un autre nom. Vous comprenez bien, ajoute-il que si les peintres n'avaient pas reconnu la supériorité de la céruse sur le blanc de zinc, il y a longtemps qu'ils auraient abandonné son emploi. Il n'y aurait pas eu besoin de décrets, ni de lois.

« Dernièrement, me dit-il, nous avons expédié une grande quantité de céruse, on nous avait recommandé de livrer de la céruse pure en ayant soin de mettre sur l'étiquette : blanc de zinc. C'était pour une administration ! »

L'ingénieur chargé de vérifier les travaux dira ensuite probablement que la peinture au blanc de zinc est préférable à la céruse, même pour les travaux extérieurs !

Désirant me renseigner sur le saturnisme à Lyon, j'ai visité M. le Dr Roux, directeur du bureau d'hygiène : « Nous n'avons pas, me dit-il, de statistiques sur le saturnisme à Lyon ; mais je crois que l'Etat fait bien d'intervenir pour réglementer l'emploi du plomb. Cependant ces mesures, les mesures prohibitives notamment, me paraissent venir un peu tard. On les aurait mieux comprises il y une trentaine d'années, alors que le peintre était obligé de broyer sa céruse, car il est incontestable que sa profession est devenue bien plus salubre depuis qu'on lui donne de la céruse toute broyée. Et M. le Dr Roux nous cite ensuite plusieurs cas de saturnisme observés à Lyon mais dus à des produits autres que la céruse et n'intéressant pas la profession de peintre ».

Comme renseignements précis sur les cas de saturnisme observés à Lyon je n'ai pu trouver que les chiffres donnés par les Hôpitaux et publiés par la commission d'enquête du Sénat : à l'Hôtel-Dieu, à Lyon, il s'est produit en neuf ans, trois décès de peintre dus au saturnisme soit un tous les trois ans.

Voulant compléter cette enquête personnelle, j'ai tenu à avoir encore quelques avis de personnes autorisées.

Voici l'avis de M. le Dr Cazeneuve, professeur à la Faculté de médecine de Lyon, député du Rhône.

« Question très délicate, m'écrit-il que celle de la céruse ! Je la connais bien. Je suis convaincu, que les méfaits de la céruse sont moins répandus aujourd'hui qu'autrefois, surtout dans les fabriques. Mais j'estime que le projet voté par la Chambre se défend bien. Il n'est pas radical et absolu. Ralliez-vous au projet de la Chambre tout en constatant que dans la pratique, les accidents plombiques dus à la céruse sont moins fréquents, grâce à l'excellent outillage des fabriques de céruse et grâce à plus de précautions prises dans la profession des peintres ».

Voici enfin pour terminer une lettre que M. Berthelot a bien voulu m'adresser. M. Berthelot était président de la Commission nommée par le Sénat pour examiner le projet de loi sur la céruse. Ayant démissionné, on a attribué sa démission « aux résistances très grandes qu'il aurait éprouvées de la part des membres de la commission d'enquête, non partisans de la loi ». J'ai voulu connaître son opinion sur la céruse et de ses succédanés ; il me répond à ce sujet :

SÉNAT   Paris le 9 mars 1906

    « MONSIEUR,

« Je n'ai pas de renseignements spéciaux sur les succédanés de la céruse. Quant à l'oxyde de zinc il ne saurait être regardé comme vénéneux au même titre que la céruse.

« Agréez, Monsieur, etc...

A. M. BERTHELOT ».

Si la question de la céruse présentait un intérêt aussi pressant que certains voudraient le faire croire, il est certain que l'illustre chimiste s'y intéresserait probablement davantage.

En tous cas, et sans vouloir cependant ici interpréter sa réserve sur cette question, je tenais néanmoins à la signaler comme étant des plus significatives.

CONCLUSIONS

Différentes solutions. — Prohibition et réglementation
Le projet voté par le Sénat

Et maintenant si nous voulons donner à cette étude les conclusions qu'il convient de donner, nous dirons que la question de la céruse, telle qu'elle se présente actuellement, peut comporter plusieurs solutions :

1° La prohibition complète et absolue est celle qui se présente la première à un esprit non prévenu. C'est la solution des hygiénistes théoriciens.

Jusqu'à présent, les essais faits avec le blanc de zinc ne sont pas suffisamment concluants pour permettre sa substitution obligatoire à la céruse, à l'extérieur notamment.

D'autre part, la prohibition complète de la céruse n'est possible qu'à la condition d'interdire sa fabrication. Cette mesure, à part l'inconvénient pour l'Etat de la nécessité d'indemniser les fabricants actuels de céruse, n'aurait de plus un effet utile qu'à la condition que ce fût une mesure internationale.

Sans cela il sera difficile d'empêcher la fraude.

La céruse interdite rentrera masquée sous d'autres noms.

Cette interdiction absolue pourrait enfin, dans les conditions actuelles, porter atteinte à l'industrie du bâtiment.

2° La Règlementation ; c'est le système en vigueur à l'étranger. En Belgique, en Allemagne notamment, des prescriptions sont imposées aux entrepreneurs et aux ouvriers au point de vue de l'hygiène : défense de fumer, de boire en travaillant, emploi de blouses de travail, soins de propreté, etc.

C'est le système que paraît avoir voulu préconiser la première commission du Sénat.

Il est, semble-t-il, le meilleur, à la condition qu'il soit appliqué. Il est évident que son application présente des inconvénients, en raison de la dissémination des chantiers de peintres, ce qui rend la surveillance difficile.

Il ne satisfait complètement, par suite, ni les hygiénistes, ni les peintres qui sont soumis à cette surveillance.

Il est cependant considéré en général comme le système le plus libéral ou celui qui paraît le plus libéral.

Ce n'est bien là qu'une apparence. Car la réglementation comporte tout un édifice de surveillance, d'inspections pour ne pas dire de vexations, qui forcément n'ont pas un caractère très libéral, mais bien plutôt inquisitorial.

Aussi la réglementation est-elle encore moins favorablement accueillie par beaucoup de peintres qu'une prohibition complète.

Voici d'ailleurs un effet de ce système qu'on ne soupçonnerait pas tout d'abord. C'est qu'une réglementation étroite et parfaite aurait pour résultat de conduire à la prohibition du produit réglementé. Les faits que j'ai vérifiés montrant que les entrepreneurs préfèrent abandonner complètement la céruse que de l'employer sous la surveillance des inspecteurs du travail.

La troisième solution est donnée par le projet de loi voté par la Chambre.

C'est une solution mixte entre les deux précédentes : elle tend à une prohibition, partielle au moins.

Nous avons donné précédemment le texte du projet de loi voté par la Chambre.

Ce texte vient d'être voté par le Sénat mais avec modification, à la suite du rapport présenté par M. Pédebidou au nom de la dernière commission. L'interdiction de l'emploi de la céruse est limitée aux travaux intérieurs, et le principe de l'indemnité aux fabricants de céruse a été admis. Le principe de l'indemnité, paraît, en effet, justifié dans un pareil cas, étant donnés surtout les nombreux sacrifices imposés ces dernières années à ces fabricants, dans le but de transformer leur outillage, transformations qui, du fait de la prohibition, deviendront désormais inutiles quoiqu'elles aient eu, comme nous l'avons vu, l'effet qu'on en attendait : une diminution considérable de la mortalité chez les cérusiers. — Il est d'ailleurs vraiment dérisoire de dire, ainsi qu'on le fait quelquefois, que les fabricants de céruse pourront faire servir cet outillage à la fabrication du blanc de zinc : il n'y a aucun rapport entre les deux fabrications.

Nous croyons qu'il y avait mieux à faire.

Une dernière solution : La taxe sur le plomb.

Et si l'on me demandait maintenant de donner une solution à cette question, voici quelle elle serait.

Cette dernière solution m'est, je crois personnelle. Elle est d'une application facile, et au lieu de grever le Trésor elle lui fournit de nouvelles ressources. Ce sont probablement là les raisons pour lesquelles personne n'y a encore songé.

Ma solution consiste donc dans l'établissement, indépendamment des droits de douane existant actuellement, d'une taxe sur le plomb ou sur ses composés (1).

Je crois que la prohibition de la céruse et des autres produits de plomb n'est présentement guère plus possible que celle de cet autre poison certainement bien plus dangereux encore et qui a nom l'alcool.

Mais il n'en est pas moins vrai que la consommation de l'alcool se trouve considérablement réduite par l'existence d'une taxe de consommation assez élevée. Pourquoi n'en serait-il pas de même pour la céruse ?

J'ai démontré que le prix de revient de l'oxyde de zinc doit être théoriquement près de deux fois plus grand que celui de la céruse (2). Et, quoi qu'on en ait dit, c'est bien là, je crois, le principal inconvénient de l'usage exclusif, sinon présent, du moins futur, des composés à base de zinc.

Le plomb vaut actuellement 55 francs les 100 kilogs. Les produits employés en peinture en absorbent en France 20.000 tonnes, presque la moitié de la consommation totale réelle. A 10 francs les 100 kilogs la taxe produirait au Trésor 2 millions pour le plomb employé en

---

(1) Le plomb paye actuellement 4 francs d'entrée par 100 kilogs.

(2) Voir précédemment la question relative au prix de revient du blanc de zinc.

peinture, et 4 à 5 millions pour la totalité du plomb employé dans l'industrie.

Si vraiment la céruse est indispensable, ce n'est pas cette augmentation de prix qui empêchera les entrepreneurs de l'employer.

Cette mesure aura simplement pour effet d'encourager et de favoriser l'essor du produit non toxique qui, à cause de sa cherté plus grande, mérite par suite une protection spéciale et en quelque sorte un traitement de faveur.

Si, n'y étant pas obligés, les peintres n'ont pas fait en général les efforts qu'ils auraient peut-être pu faire pour employer un produit inoffensif à la place de la céruse, il est certain qu'il n'en aurait pas été de même si le succédané avait eu avec l'avantage de l'innocuité, l'avantage du meilleur marché. L'entrepreneur n'avait vraiment aucun intérêt matériel à remplacer un produit bon marché par un produit plus cher et plus difficile à employer, les résultats obtenus étant de plus en général considérés comme inférieurs.

Si l'on rétablit la balance entre les deux produits au point de vue économique, il n'en sera peut-être plus de même.

Une taxe sur la céruse aura donc pour effet de favoriser l'essor du blanc de zinc. Mais cette taxe s'étendant de plus à toute la quantité de plomb employée dans la peinture et même dans toutes les industries, aurait encore pour effet d'encourager les efforts à faire pour remplacer dans tous les cas possibles le plomb par un autre corps. Car il est bien prouvé — et nous avons insisté sur ce point — que le plomb est dangereux quelle que soit la forme sous laquelle il est employé. Comme c'est un métal qui, comparé aux autres métaux (1), est relativement bon marché, et jouit, du fait de son abondance, d'un tarif de faveur qui encourage son emploi, un impôt général sur le plomb de 10 francs ou même de 20 francs par 100 kilogrammes n'aurait rien d'excessif ni d'inopportun.

Le plomb et ses composés resteraient encore comme prix de revient au-dessous de tous les produits concurrents.

Le Trésor retirerait de ce fait un bénéfice qui ne serait pas négligeable. Ce bénéfice serait, de plus, prélevé aux dépens, non des

____

(1) Plomb, 55 fr. ; zinc, 85 fr. ; cuivre, 250 fr. ; étain, 570 fr. (Ces cours sont d'ailleurs très variables).

classes laborieuses, mais des classes les plus aisées de la société qui forment la clientèle des entrepreneurs. Il serait donc moral et rationnel.

Ce système aurait enfin l'avantage de ne comporter, par lui-même, aucune vexation ni surveillance à l'égard des peintres.

Il pourrait très bien, d'ailleurs, se combiner avec une réglementation.

Il pourrait même conduire à une prohibition progressive. Rien n'empêcherait, en effet, d'élever cette taxe à mesure qu'on reconnaîtrait de plus en plus la possibilité de remplacer le plomb par un autre corps inoffensif et équivalent.

En tout cas, ce système, mieux même qu'une réglementation, n'aurait pas pour effet immédiat de créer une révolution dans l'industrie du bâtiment, mais bien une simple évolution. A ce point de vue là, il semble bien être le plus libéral.

De plus, cette mesure, au lieu de revêtir ce caractère d'exception que revêt la loi présente sur la céruse, aurait, celle-ci, une portée vraiment générale au point de vue de l'hygiène, et elle n'aurait pas pour effet de soulever toutes les suspicions que soulève la loi présente.

Enfin, si elle ne fait pas disparaître, elle ferait tout au moins diminuer les fraudes. Le plomb augmentant de valeur, on aurait moins d'intérêt à s'en servir à la place d'autres produits actuellement bien plus chers.

Voici, entre mille et à titre d'indication, quelques exemples montrant l'intérêt qu'il y aurait à ce que le plomb fût un métal plus cher qu'il n'est. Le plomb, comme toutes les substances meilleur marché que les substances similaires, est employé pour falsifier celles-ci. L'étamage, qui doit se faire avec l'étain pur ou étain fin, se fait très souvent avec de l'étain contenant 50 p. 100 de plomb. De là des accidents de saturnisme dont on ignore quelquefois l'origine. Même remarque pour les soudures, les boîtes de conserves, etc., etc.

(Se reporter, à ce propos, à l'intéressante préface qu'a bien voulu consacrer à cette étude M. le Dr Causse, le savant professeur de la Faculté de médecine de Lyon.)

L'hygiène, par suite, trouverait donc son compte de cette mesure mieux que d'aucune autre et sans qu'il fût besoin d'aucun véto ; car le résultat en serait essentiellement et tout spécialement de favoriser les produits inoffensifs, colorants ou autres, dont l'essor est actuellement entravé et paralysé par le bon marché relatif du plomb et de ses composés.

Cela ne vaudrait-il pas mieux, en tous cas, que d'accorder, ainsi que le Sénat vient de le décider, une indemnité aux fabricants de céruse, obligés de fermer leurs usines, alors que de l'autre côté de la frontière la céruse continuera à nous arriver sophistiquée, amalgamée et décorée d'étiquettes trompeuses et alléchantes.

Sans doute, la céruse est un poison, mais pas davantage et peut-être moins que le minium, le chromate de plomb et le plomb métallique lui-même. Pourquoi paraissons-nous uniquement hypnotisés actuellement par ce seul mot « céruse » plutôt que par tel autre nom de produit encore plus dangereux ?

Au lieu de pourchasser, comme nous le faisons, la céruse, en semblant ainsi obéir à un mot d'ordre parti on ne sait d'où, pourchassons donc le plomb et la totalité du plomb employé dans l'industrie.

La « question de la céruse » ne devrait pas exister. Ce qui devrait exister c'est la « question du plomb ».

En résumé, cette question de la céruse doit être élargie. Comme on l'a dit déjà, elle a été mal posée devant l'opinion. Et c'est se placer à un point de vue au moins mesquin que de la considérer seule et avec un parti pris trop exclusif.

⁂

Telles sont les conclusions que m'a inspirées l'étude impartiale et sincère à laquelle je me suis livré sur la céruse.

Le but que je me suis particulièrement proposé dans cette étude a été surtout de montrer toute la complexité de cette question dont on parle quelquefois beaucoup sans la bien connaître.

Peut-être me reprochera-t-on d'avoir trop négligé dans cet exposé le côté médical ou juridique pour le côté technique, d'avoir vu cette question en chimiste, non en médecin ou en juriste.

Je m'en excuse.

Un chimiste voit peut-être, sans s'en rendre compte, le monde et les choses à travers le prisme que forme autour de lui le milieu qui l'environne, ses cornues et ses flacons. Il s'habitue à manipuler tous les corps même les plus dangereux. Sans doute, il les traite avec circonspection ; mais il ne s'émeut point de leurs propriétés plus ou moins violentes et s'étonne parfois qu'on s'en effarouche : vivant ainsi au milieu d'eux, il s'accoutume à leur physionomie, à leur manière d'être, et il peut lui arriver de les aimer ainsi, de ne plus croire à leurs mauvais effets, de vouloir les oublier ou de les regarder comme une quantité négligeable.

Mais est-on sûr que le juriste ou le légiste ne regardent pas eux aussi le monde et les choses à travers cet autre prisme que forment devant leurs yeux les décrets et les lois, législations d'hier, législations de demain ; et que le médecin et l'hygiéniste ne les verront point derrière le verre grossissant qui leur fait découvrir un péril inéluctable et fatal là où il n'y a qu'un danger facilement évitable ?

Tant il est vrai que les mêmes choses peuvent paraître parfois fort différentes selon l'œil qui les regarde.

*
* *

J'ajouterai cependant que j'ai essayé d'envisager cette question à un point de vue sous lequel elle n'a pas encore été suffisamment envisagée. Au lieu de la traiter en théoricien, j'ai voulu la traiter à un point de vue pratique.

Si j'ai réussi à en montrer toute la complexité, je n'ai pas voulu non plus la présenter comme une de ces questions insolubles devant lesquelles le législateur se trouve désarmé. Et je crois lui avoir donné une solution préférable à toutes celles qui ont été proposées jusqu'à ce jour.

Il en est, à mon avis, de cette question de la substitution de la céruse par un autre produit inoffensif, comme de beaucoup d'autres : la guerre et le pacifisme par exemple.

Théoriquement, il ne saurait, entre gens civilisés, exister sur ces questions aucune divergence de vues. Mais c'est en se plaçant sur le terrain de l'expérience et dans le domaine des contingences que leur complexité apparaît.

Telle proposition pourra à première vue sembler rationnelle et équitable qui perdra ce caractère devant la réalité des faits.

Et c'est à l'expérience et au sens pratique qu'il appartient de dire, en dernier ressort, qui se trompe et de quel côté est la vérité.

TABLE DES MATIÈRES

Pages

PRÉFACE 5

AVANT-PROPOS 13

La céruse. — Sa constitution chimique. — Sa préparation. — Progrès récents réalisés dans sa fabrication au point de vue hygiénique . . . 15

Les propriétés de la céruse. — Pouvoir oxydant et siccatif. — Rôle chimique de la céruse dans la peinture. — Avantages de son emploi . 17

Les inconvénients de la céruse. — Action des émanations sulfhydriques. — Toxicité. 19

Intoxication saturnine. 20

L'intoxication saturnine par la céruse. 22

Les opérations dangereuses dans la peinture. 23

L'intoxication saturnine par les produits autres que la céruse 24

Les succédanés de la céruse 29

Le blanc de zinc. — Son emploi en peinture. — Comparaison entre le blanc de zinc et la céruse. 32

Pouvoir couvrant. 33

Nécessité de l'emploi d'un siccatif 34

Avantages du blanc de zinc 35

Résistance et durée comparatives des peintures au blanc de zinc et à la céruse. 36

Expériences de M. J. Breton 37

Rapport du chimiste Stass. 38

Affirmations de M. Armand Gauthier. 40

Le prix du blanc de zinc. 43

LÉGISLATION ET RÉGLEMENTATIONS

Pages

Historique. — La règlementation des fabriques de céruse. — Le décret
de 1902 47

Le projet de loi voté par la Chambre des députés. 48

Le projet de loi au Sénat 49

Enquête des chambres syndicales. — Pétitions. — Les opinions des
intéressés 51

Les enquêtes et pétitions de la Fédération nationale des ouvriers
peintres 60

Contre-enquête. 62

Enquêtes personnelles. 66

CONCLUSIONS

Différentes solutions. — Prohibition et reglementation. — Le projet de
loi voté par le Sénat 71

Une dernière solution : la taxe sur le plomb. 73

LYON
IMPRIMERIE A. STORCK ET Cie
Rue de la Méditerranée, 8